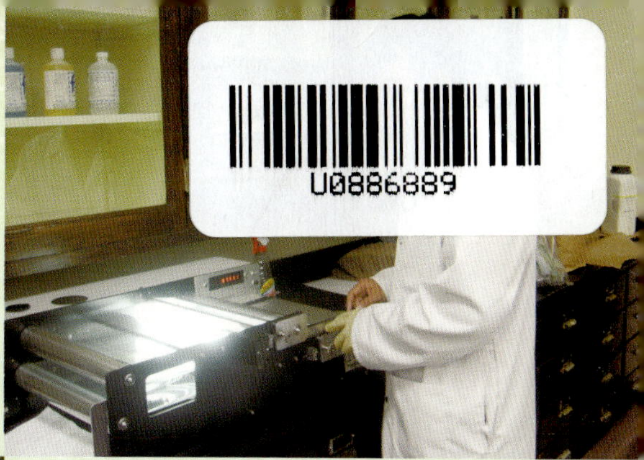

在魁北克大学实验室

与实验室其他国际学生在一起

博士论文答辩会现场

在森林采伐迹地

参加国家林业局送科技下乡活动

与中国工程院院士、原北京林业大学校长
尹伟伦（中）和导师张绮纹（右二）合影

在加期间参加寒带林业会议发表演讲

在加拿大进行美洲山杨试验林地

与加拿大杨树委员会
原主席Jim Richardson合影

陪同国际杨树专家在南京总统府参观

陪同意大利杨树研究所所长Nervo 参观

陪同意大利杨树研究所所长Nervo参观杨树人工林

望　杨

——杨树文化、用途和速生机理

牛正田　著

中国林业出版社

图书在版编目（CIP）数据

望杨：杨树文化、用途和速生机理/牛正田著. —北京：中国林业出版社，2012. 1

ISBN 978 - 7 - 5038 - 6466 - 7

Ⅰ. ①望… Ⅱ. ①牛… Ⅲ. ①杨树 - 介绍 Ⅳ. ①S792. 11

中国版本图书馆 CIP 数据核字（2012）第 000420 号

出版：中国林业出版社（100009 北京西城区刘海胡同 7 号）

E-mail：pubbooks@126. com **电话**：010 - 83283569

发行：新华书店北京发行所

印刷：北京地质印刷厂

版次：2012 年 1 月第 1 版第 1 次

开本：787mm × 960mm 1/16

印张：11. 5

字数：175 千字

定价：28. 00 元

自　　序

杨树，是北方最常见的树种之一，具有易栽、速生、多用等特点。以其易栽，既被广泛应用于我国“三北”（东北、华北、西北地区）防护林等大规模造林工程，也常植于居舍、道路之畔；因其速生，研究者青眼睐之，贤者毕聚，或谓之曰“杨家将”；以其多用，为材，为浆，为景，为荫，世人喜之，文人墨客为诗作赋以赞之。《诗》曰：“东门之杨，其叶牂牂，昏以为期，明星煌煌。”浪漫气息通篇流溢，令人心醉神驰；茅盾先生则更盛赞其为树中的“伟丈夫”。

本人生于晋南薄祚寒门，长于穷乡僻壤。幼年饱尝艰辛却也苦中作乐，也曾与樵童牧竖为伍，游戏于泉涧之上，徜徉乎草木之间，与杨为伴。束发受书十余载，得以考入中国林业最高学府之一北京林业大学，从习森林保护专业。甫一入学，即闻说校内杨树遗传改良事迹点滴，始知南北方速生林研究两大阵营——北方杨树研究者“杨家将”和南方杉（读 shā）木研究者“沙家浜（杉家帮）”，心向往之。为遂心愿，本科毕业后，考入北京林业大学攻读林木遗传育种硕士学位，从事林木遗传育种的理论学习和研究实践。硕士研究生毕业后，我有幸在河南省林业技术推广站从事杨树工业用材新品种的推广工作，始与杨树有了亲密接触。两年后，我考取中国林业科学研究院森林培育学博士研究生，师从中国林业科学研究院林业所研究员、著名杨树遗传育种专家张绮纹先生，主要研究方向为杨树遗传改良及生理生态研究，正式入编“杨家将”。

博士研究生期间，参加多项杨树相关科研项目，包括：“948”项目控制林木木质素合成酶基因及其转化技术的引进，国家林业局科技成果重点推广项目“107 杨和 108 杨的推广”，国家林业局科技成果项目

“杨树雄性优良品系在城市林业中的应用与示范”，国家林业局标准制订项目“杨树主要品种分子指纹图谱”等。并于2006年9月至12月间赴加拿大魁北克大学做访问学者，研究北美地区寒带森林的养分季节性变化以及美洲山杨的生理生态学特性。

获得博士学位后，我加盟河南投资集团公司，任高级业务经理，全力推进林纸一体化事业，在“牂牂”之声中，静候所期。

2009年初，我因故中断了杨树研究、推广工作。身虽不在，心实念之，对杨树的关心依然难舍。现将我从事杨树研究期间的部分所得整理成册，也是对我和杨树感情的一种梳理和总结。书的内容包括我的博士论文及几篇曾在刊物上发表过的文章。

杨之根也深，杨之本也壮，杨之冠也广。我对杨树之研究，不能穷其繁，不能尽其理，不能详其微，只能观其大概，仰望其美，故书名《望杨》。卑之无甚高论，姑且不揣浅陋，抛砖引玉，以就教于大方之家吧。于自己固然是纪念，若于他人能有所启发，则幸甚哉！

作　者

2011年12月

目　　录

附录

上 篇

杨树文化和用途

杨树与中西传统文化渊源

杨树是杨柳科杨属植物的通称，又分为胡杨、白杨、青杨、黑杨、大叶杨等五大“派”，广泛分布于北半球温带、寒带地区。中国处于世界杨树的中心分布区域。世界杨树天然种类100余种，我国就有53种，分布全国，杨树天然林面积约300万hm^2。在中西方文化差异的背景下，杨树在人们心目中的地位也曾经截然不同。

中国：诗词歌咏 早早进城

我国杨树栽培具有十分悠久的历史。《诗经》有“东门之杨，其叶牂牂”“阪有桑，隰有杨”、《周易》有“枯杨生稊”之句，说明当时人们已在广泛栽植，杨树为先民所熟知。《韩非子》中引用战国时期遗留下来《惠子》一书，记载杨树繁育容易，适应性强，说：“夫杨，横树之即生，倒树之即生，折而树之又生。然使十人树之而一人拔之，则毋生。”《晋书》所录东晋十六国时期民风《关陇之歌》中，有“长安大街、夹树杨槐”的描述，说明当时的杨树已不限于农村栽植，也成为都市街道的绿化树种。北魏贾思勰《齐民要术》一书，在“种榆白杨第四十六”中，具体叙述了杨树插枝育苗的技术。明代王象晋所著《群芳谱》，也有杨树栽培的详细记载。

我国古代诗词中歌咏的杨树意象一般有两个，一是白杨，二是杨花。

中国民谚有“前不植桑，后不插柳，院内不栽鬼拍手”的说法，“鬼拍手”指的是毛白杨，一是以其叶片簌簌沙沙响声终夜不止；二是古代民间认为白杨是墓树，有不详之意，故名之。而汉代《古诗十九首》中“白杨何萧萧，松柏夹广路”“白杨多悲风，萧萧愁杀人”的诗句也与此暗合。

自汉代以后，挽歌、悼辞、墓志中多用白杨意象来寄托哀思，往往涉及哀悼、怀古、叹逝等触及生死的问题。

而古代有关杨树飘絮的诗文更是不胜枚举。如“杨花落尽子规啼”，“杨花榆荚无才思”，“细看来不是杨花，点点是离人泪”等等。杨树的果实被白絮包裹随风飘荡，故有“轻似吴绵淡似霜”的描摹。《辞源》释义曰：“杨，木名，与柳同科异属，惟枝上挺，其实亦成白絮飞散。”但《辞源》对“杨花”的解释——“杨花：柳絮。”引例为北周庾信《春赋》“新年鸟声千种啭，二月杨花满路飞”。这种结论过于绝对。杨树开花飞絮在四五月的初夏时节，柳树开花飞絮比杨树大约早两个月左右，因而把“二月杨花”理解为柳絮是完全可以的。但把“杨花”一律理解为“柳絮”的解释，并不科学、全面，因为杨树本身毕竟也开絮状花，也如白絮飞舞。如将“杨花”条列两项释义：一为自指，一为泛称，则周至而科学。

柳絮是柳树的种子，上有白色绒毛，随风飘扬，形似棉絮，故名。那么，为什么又将“柳絮”称为“杨花”呢？民间传说，隋炀帝杨广开凿运河，动员民众在运河沿岸植柳，凡种活一棵柳树者辄奖励细绢一匹，于是百姓争植，造就了“杨柳岸晓风残月”的运河风光。隋炀帝不仅亲自植柳，并赐柳树姓“杨”。此后，杨柳便亲如一家，不分彼此了。既然垂柳可称为垂杨，那么“柳絮”称为“杨花”也就顺理成章了。

“杨花”“柳絮”常相提并论，但“杨花”毕竟还保留了“自称”的一块领地。“春城无处不飞花”，统而言之地赞颂了杨花、柳絮无处不在的飘逸舞姿。“颠狂柳絮随风舞，轻薄杨花逐水流”，则隐含了对轻狂浮躁世风的贬斥。

西方：又爱又恨　苛求杂种

杨树在北美、欧洲也是广泛栽培。西方人对于杨树的感情很复杂，既有崇拜的一面，又有咒骂的一面。

一方面，人们特别崇拜和尊敬杨树。银白杨与希腊神话中的大力神海格里斯和普西芬尼有关，因为杨树治愈了海格里斯的蛇毒。北美土著居民认为杨树是一种神奇的药用树种。杨树因其树干高大挺拔，被用作行道树和城市绿化树种已有几千年的历史。著名印象派画家凡高、莫奈和赛尚都有杨树为题材的名画。诗人们用诗歌歌颂杨树的不朽。在科学方面，杨树是人们研究和报道最多的木本植物。杨树木材可以制成多种工业品。杨树生长速度惊人，所以被广泛用于工业用材林和防风林。

另一方面，杨树也有不吉祥的一面。在基督教里，耶稣被钉死的十字架是用欧洲山杨制作的，犹大也是在欧洲山杨树上上吊结束了自己的生命。这些不光彩的事情，诅咒了欧洲山杨不断地摇晃。在19世纪，这种传说的威力是如此之大，以至于美国大湖地区的伐木工人拒绝入住用欧洲山杨做成的小木屋。维多利亚人把欧洲山杨比喻为丑恶悲伤和恐惧。

在现代社会中，这种情况也没有完全好转，杨树特别是杂种杨树，经常被称为“垃圾树”，因为他们树龄短，易感染病虫害。小苗圃场经常在周末媒体上发布广告，宣传出售不合格的杨树苗木，更加深了人们垃圾树的印象。

因为飘絮，美国部分城市禁止在市区种植杨树。

（原载《中国绿色时报》）

飘絮时节，北京何以解惑

北京人每年4月都会经历这样的一幕：绒花一般的杨絮便开始飞满全城，于是北京便有了“杨树庄”的称号。如何解决“杨树庄”之憾？每年都有人提议砍掉大杨树，更换为其他树种诸如此类的意见与建议。

首都绿化、美化，市民仁者见仁，智者见智。砍掉大杨树、更换为其他树种的说法虽有失偏颇，但大家对居留城市生态的保护和关注意识值得肯定和提倡。

要想对杨树飘絮问题作出客观公正的评价，就必须对杨树的生物学知识、杨树与中国传统历史文化知识有全面了解，在此基础上借鉴杨树在国外城市绿化中的应用，才能提出比较切合北京实际的意见。

杨树飞絮是在繁衍后代

习惯上，人们把飘絮现象称为“杨柳飞絮”。在日常生活中杨柳并称，不分彼此，如“杨柳依依”“河边有几棵杨柳”。这种说法在植物分类学中并不正确。

杨柳科属于显花植物门、被子植物亚门、双子叶植物纲，落叶乔木或灌木，分布在寒温带、温带和亚热带。杨柳科包括杨属、钻天柳属和柳属3个属，有620多种。我国3个属均有分布，有320多个种。人们常说的杨树就是杨属的泛指，包括100多个种，主要分布在欧洲、亚洲和北美洲，我国有50余种。

大家常讲的柳树，泛指钻天柳属和柳属的树种。钻天柳属为单属单种，仅钻天柳一个种，分布于我国东北地区、朝鲜、日本和俄罗斯远东地区。柳属是个大家族，有520多种，主要分布在北半球。我国有257种，大多数地区都有分布和栽培。

杨树飘絮源于杨柳科树种的生物学特性。它们的花为单性花，雌雄异株，柔荑花序，花无花被。春天树还没有长出嫩叶时，雄株上的雄花先开放，经过一段时间发育成熟后，雄花序上的花药自然裂开，花粉飞散而出，进行传粉，然后雄花序逐渐萎蔫脱落。春天，在一些杨树的下面我们看到的像毛毛虫似的那些东西就是杨树的雄花序。比雄花稍晚一些时期，雌株上的雌花开始开放。伴随着雌花序的发育成熟，雌树上鲜嫩的幼叶也开始慢慢地长出来。雌花序是由若干朵小花组成穗状的柔荑花序，每一朵小花发育后长成一个小蒴果，小蒴果里面包被着白色絮状的绒毛，在绒毛中间藏着一些像芝麻粒大小的由胚囊发育而成的种子，随风飞扬，飞絮能把种子带到很远的地方。这种现象就是前面所说的杨絮。

现有办法治飞絮不可行

在城市绿化中大量种植不飞絮的雄杨、雄柳，这种做法不完全正确。大量雄树产生的花粉飞散在空气中，是产生花粉过敏的重要根源，是直接影响人们健康的环境问题。不过，对杨树花粉过敏的人不是很多。所以，建议城市绿化用杨树还是以雄性无性系为主。

砍掉杨柳大树和柳树高接换头，这种方法应该慎用。根据调查，北京大杨树主要是 20 世纪 70 年代初栽植的雌树，相关部门估算可能有 500 万株左右，如果大量砍伐，引起的环境破坏会是巨大的。前几年，南方城市开始对雌性柳树进行高接换头，砍掉原有树冠，重新嫁接幼嫩雄性枝条，变雌树为雄树，以减少飘絮。有报道说，北京今年也开始采用这种方法，但应该慎重，特别是在商业路段和人口密集区。光秃秃的大树没有任何遮阳效果，酷热夏天来临的时候，苦果在所难免。因为法国梧桐飘絮，前几年郑州市集中进行高接换头，结果是原本有绿城之称的郑州，夏天街道竟然没有绿荫，市民对此怨声载道。

化学防治花粉和飘絮污染，会造成新的环境问题。化学防治花粉和飘絮污染是指通过对杨柳树体注射化学物质，达到使植物雌雄花絮败育方法。这种方法价格昂贵，化学物质的大量使用，还不可避免地会造成环境污染，并不可行。

对杨花柳絮当抱宽容之心

杨树与柳树只是产生飘絮和花粉污染的两个主要树种，其他树种如悬铃木和其他开花植物也是飘絮和花粉污染的重要来源。所以我们要想看到百花盛开的美景，就必须忍受短暂的飘絮和花粉污染，因为植物也必须繁衍后代，这是大自然的规律。杨柳飘絮和传粉自从杨树进入城市即有诗歌记载。古人可以用美好的诗歌去歌颂它们，现代人应该更多一份宽容之心。

要解决城市绿化美化中的杨柳飞粉与飞絮问题，根本措施还在于：培育雄性不育和雌性不育，即少花或无花的新品种，来替换目前种植的老品种。有计划地逐步砍伐，在不同地带、不同路段可以逐棵间伐，种植椴树、银杏等行道树。

杨树和柳树是地球上重要的植物资源，尽管存在一些不足，却是重要的树种，遍及全国，在生态建设和木材生产中发挥着巨大的作用。现代科学正在努力研究、开发与发展更多更好的杨树与柳树资源，使之更好地服务于人类。

（原载《中国绿色时报》）

杨树的经济价值不应局限于木材

我国处于世界杨树的中心分布区域，世界杨树天然种类100余种，我国就有53种，分布全国，杨树天然林面积约300万 hm^2。

新中国成立后，随着大量从国外引进我国稀缺的黑杨派种质资源，我国杨树人工林发展已奠定了坚实的基础。2002年，速生丰产用材林基地建设工程启动，我国杨树人工林得以迅速发展。据估计，我国杨树人工林面积已经达到800万 hm^2，其中70%以上是黑杨派品种。

长期以来，杨树的发展主要是为了满足我国日益短缺的木材需求，也就是说，杨树主要被利用的部分是树干。针对杨树木材生产过程中产生的大量的树皮、树叶、树芽以及花絮开展综合利用，具有重要的经济意义。同时，对木材生产过程中产生的固体污染物再利用、杨树雌株的飘絮污染和雄株的花粉污染防治，又具有重要的生态效益。

皮、叶、花序可作饲料

杨树全身都是宝，过去人们缺乏研究，特别是杨树的叶、皮、花序均被抛弃或作燃料。随着畜牧科技蓬勃发展，人们对畜牧饲料的开发利用进行了全方位研究，杨树的皮、叶、花序价值被重新认识。

山西农业大学张阅军等人通过对毛白杨花序营养成分进行比较，初步认为：杨树花营养成分含量丰富，作为饲料开发利用，营养价值很高。杨树花中所含无机元素的种类及数量都很丰富，与其他饲料混喂可弥补其他饲料无机元素的不足。

中国林业科学研究院林业研究所对几种主要欧美杨品种鲜叶测定，叶粗蛋白含量在12.97%～13.56%之间，高于大麦秸、玉米秸。山东省临沂市兽医站与4户林业专业户合作试验，分别用树叶饲喂兔、羊。20只长毛兔饲喂杨叶粉90天，每只兔平均体重比对照多增重17g，多产兔毛8g；8对绵羊饲喂1054天，喂杨叶粉的绵羊平均每只净增重4.81kg，而对照组绵羊平均每只增重仅1.31kg。

中国林业科学研究院林化所对PL杨树皮类脂化学成分和利用的研究取得成果。目前，他们已经成功开发出杨树皮提取物饲料添加剂，并制定了这一产品的行业标准（标准编号：LY/T 1566－1999）。

杨树皮可作工业原材料

杨树木材工业生产工程中剩余的树皮量很大，可以达到木材材积的10%～15%，其利用途径有以下几种。

生产树皮人造板和建筑材料。如水泥树皮板、石膏树皮板等。俄罗斯研制成功的一种“柯罗利特”板，是以石膏作为胶粘材料的特种人造板，主要成分包括粉碎的树皮、一级石膏、阻化剂、防腐剂和水。

制造肥料。树皮含有较多的木质素和微生物生长所必需的营养成分，而且树皮是天然物质，没有化学肥料污染。研究表明：用25%～75%的树皮和污泥混合，是很好的肥料。

作为燃料。在能源日益紧张的今天，树皮等木质废料用作燃料已经越来越受到人们的重视。树皮燃烧可以产生蒸汽，用来发电，大约5.5kg湿树皮相当于1kg的油。

杨树皮粉也可以用来制造胶粘剂的填充剂。

杨树芽可作防腐剂和入药

在西方，人们特别崇拜和尊敬杨树，银白杨与希腊神话中的大力神海格里斯和普西芬尼有关，因为杨树治愈了海格里斯的蛇毒。北美土著居民认为，杨树是一种神奇的药用树种。

每年的12月～次年2月，休眠的杨树芽中含有丰富的芳香类树脂，芽提取物中含丰富的抗氧化物，芽提取液可以在常温下存放1年以上都不会腐烂。北美的土著居民印第安人将杨树芽放在动物油中以防动物油脂腐烂变质。杨树芽含丰富的挥发性油，如苹果酸、甘露糖醇、萜烯类物质，可以治疗发热头痛等。

需要注意的两点是：不同品种甚至每颗杨树芽提取物的效果都不同，并且杨树芽采集时间、采集方法和加工工艺均对提取物的效用产生影响；部分人群对杨树芽提取物过敏，会产生脸色肿胀、呼吸紧促、发痒、眼睛流泪等反应。

杨花可作新型绝热材料

杨树是我国北方城市重要的园林绿化树种。据相关部门统计，目前北京大概有杨树500万株，在首都绿化美化中发挥着重要作用，但是杨树在城市的广泛栽培也造成了大量的生物污染。每年4月上旬~5月下旬，杨树雌株的种子绒毛像雪一样飘飞似乎是京城的特色景致，却给市民生活带来诸多不便。

美国俄勒冈州立大学的 Hsiou - Lien Chen 博士正在研究杨树种子绒毛纤维的化学组成和物理结构，这项研究有助于将来杨树种子绒毛纤维被用作纺织品中的绝热纤维材料，有助于定量评价杨树种子纤维作为经济上可行的环境友好型的纤维材料。

（原载《中国绿色时报》）

北美地区杨树木材利用现状与前景*

牛正田[1]　李金花[1]　张绮纹[1]**　周海滨[2]　陈志林[2]

(1 中国林业科学研究院林业研究所，北京 100091；

2 中国林业科学研究院木材工业研究所，北京 100091)

摘要： 过去20多年，北美地区的杨树已经从杂草树种转变为产生巨大经济效益的用材林树种，杨树木材因其具有较高纤维素含量和较低的木质素含量，适合用作纸浆和纸制品的原料。杨木制浆方法有机械法、化学法、半化学法和化学机械法，杨木浆可以作为高级纸、纸板、新闻纸和包装纸。杨木牛皮纸浆与针叶材牛皮纸浆混合，具有良好的成纸性能，透明度高，适合制作高级用纸。杨木也是传统的锯材、单板和胶合板工业的原材料，用来生产锯材、单板、胶合板、木质复合板、包装箱、集装箱、火柴杆和筷子等。最近10年杨木定向刨花板和结构复合板产量显著增加，利用前景广阔。从资源生产的角度来看，在改良木材化学组成、纤维质量和自然耐久性等方面进行木材性质改良的转基因杨树研究取得了长足进展。从资源利用角度来看，高价值的工程复合板和高得率的纸浆和纸产品将会在未来发展中快速增长。

关键词： 杨木，利用，纸浆和纸制品，定向刨花板，纤维特性

Achievements in the Utilization of Poplar Wood in North America and Guide posts for the Future

Niu Zhengtian[1]　Li Jinhua[1]　Zhang Qiwen[1]　Zhou Haibin[2]　Chen Zhilin[2]

(1 Research Institute of Forestry, Chinese Academy of Forestry, Beijing 100091, China;

2 Research Institute of Wood Industry, Chinese Acadony of Forestry, Beijing 100091, China)

Abstract: From an early status as a "weed tree", poplar has becom e

* 基金项目：国家林业局星火项目"杨树雄性优良无性系在城市林业中的应用"。

** 张绮纹，中国林业科学研究院林业研究所林木遗传育种专业资深研究员，主要从事杨树遗传改良。

anmponant creame rcial genus in North America during the past 20 years. The wide and varied uses of poplar wood now include pulp and paper, lumber, veneer, plywood, composite panels, structural composite lumber, containers, pallets, fumiture components, match splints and chopsticks. The high cellubse and relatively low lignin content make poplars well suited for pulp and paper products. The wood can be pulped by all commercial pulping methods, such as mechanical, semi – chemical, sulphate and sulphite processes Poplar pulps are utilized in fine papers, tissues, paperboard, newsprint and packaging papers Poplar kraftpulps, when blended with softwood kraft, are particularly well suited for fine papermanufacture because of inherently desirable properties, such as excellent sheet fon ́natbn, high opacity, good bulk and good printability. While poplarwood continues 10 be an inportant raw material in thetraditbnal lumber, veneer and plywood industries, the most remarkable recent achievement in poplar utilizatbn is the phenomenal growth of the oriented strandboard and structural composite lumber industries in North America during the past decade. The future for poplar utilization is bright On the resource production side, opportunities for genetically modifying inportant wood properties, such as chemical composition, fiber quality and natural durability of wood, can now be realized. On the resource utilization side, high-value engineered composites and high-yield pulp and paper products will represent the strongest growth sectors for poplar fibre during the coming decades

Key words: poplar wood, utilizatbn, pulp and paper, oriented strandboard, fiberproperties

杨树是杨属（*Populus*）所有树木的统称，在北美地区分布广泛，从路易斯安娜到纽芬兰、阿拉斯加呈三角形分布，其中主要的种类有：美洲山杨（*P. tremuloides*）、大齿杨（*P. grandidentata*）、香脂杨（*P. basamifera*）、美洲黑杨（*P. deltoides*）、毛果杨（*P. trichocarpa*）。这些树种都具有速生、喜湿、喜光的特性。其中最常见的两个树种是美洲山杨和大齿杨。以前杨树被认为是杂草树种，针叶林中的杨树经常被当作杂草树种铲除掉。而现在美洲山杨大多用于造纸、锯材、硬纸板、绝热板、隔音板的生产原料，而且随着华夫板、定向刨花板（OSB）等新产品的出现，美洲山杨利用量迅速增加，是过去的6倍[3]。利用量如此之大，以至于采伐量远远超出木材的生长量，还不能满足美洲山杨主产区（大湖地区）不断增长的木材、造纸等企业的需求[23]。加拿大的山杨分布区，从 British Columbia 到 Maritimes，也出现了同样的情况，引起了广泛的关注[18]。因此，集约经营下的生长速度更快的杂种杨，未来将会成为北美地区重要的用材林树种。

1 杨树木材的性质

杨树木材管孔数量多直径小。从天然林中的山杨到杂种杨平均相对密度为0.30～0.39g/cm^3，密度小。尽管杨树木材的力学性质相对较差，但是抗弯强度和抗压强度可以与传统的 SPF 一类木材相媲美。不同地理起源的杨树木材性质存在差异[7]。杨树立木含水量高，边材和心材差异很小，所以木材不用蒸煮就可以直接旋切，或削片制作华夫板。杨树木材基本密度较低，体积收缩系数较高（11%～12%）。木材弦向收缩和径向收缩比高，体积干缩系数大（11%～12%），是杨树干燥过程中容易变形（横向翘曲和菱形形变）的主要原因。杨木体积组成比例最高的是木纤维（53%～60%），其次是导管（28%～34%）和木射线（11%～14%）以及少量的轴向薄壁组织（0.1%～0.3%）。导管分子与纤维的比例以及导管的直径和细胞壁厚度影响了木材相对密度。美洲山杨与毛果杨相比导管直径较小，纤维细胞壁较厚，所以木材基本密度较毛果杨高。纤维长度随着杨树的树龄和树高的增加而增加[13]。

成熟杨树木材的平均导管分子的长度是0.58～0.67mm，纤维长度1.3～1.4mm[20]。针叶材平均纤维长度是3～4mm，这些性质决定了针叶材纸浆更适宜造纸，纸张的抗撕、抗拉性能更好。另一方面，杨木导管分子显著提高了纸张的光滑度和透明度，使得杨木适合作为印刷纸。

杨木的化学组成为多聚糖（80%的综合纤维素，其中50%的纤维素和30%的半纤维素）和木质素（20%或更少）。硫酸盐纸浆得率是52%～56%，高于大多数针叶材的44%～46%。杨树木材抽体物中真菌有害物含量低，所以杨树木材不耐腐。

杨木还有一些缺陷限制了杨树的利用范围、降低了利用价值。杨树普遍具有湿心材，均匀干燥特别困难。木材容易变色和腐朽，在很大程度上降低了杨木的利用价值，特别是制作橱柜和模具。Eckstein[6]等1979年的研究表明，杂种杨木材变色和腐朽受遗传控制的作用，可以通过选择育种培育不易变色新品种，从而生产对木材颜色要求较高的次级林产品，例如锯材和橱柜。

杨木特别容易产生应拉木[1][2]。应拉木是在倾斜或弯曲树干和枝条的上方受拉部位的断面上，一部分年轮表现明显加宽的现象，称为应拉木。应拉木木材色较深或浅淡，髓心偏向一边或偏离不大。应拉木缺少细胞壁的木质化作用并且具有胶质纤维。一般来说，应拉木相对普通木材其纤维素和灰分含最较高，而木质素和半纤维素含量较低。

杨木的加工、胶合和装饰性能非常好，使得杨木非常适合锯、刨和切片各种改性措施。杨木的基本密度决定了杨木适宜的刨切温度。因为杨木基本密度较低，适宜温度为16～20℃，但一般刨切或旋切温度范围为7～30℃。因为基本密度低并且水分含量高，杨木加工小需要预处理，这是木材适宜胶合的另一个重要原因。因为木材密度低，中等压力就可以使胶合单板或是刨花板紧密粘在一起，所以杨木适合做胶合板和刨花板。杨木表面的孔小，不用砂光处理。

2　杨树木材的利用

杨木可以制作各种各样的初级和次级林产品。这些产品包括纸浆、纸制品，锯材、单板、胶合板、复合板、托盘、水果篮、箱子、火柴杆和筷子等。在美国和加拿大，过去的30年里，因为针叶材价格的不断上涨和大量的可以利用的杨树资源，木材加工工业已经更多地转向乡土杨树品种和集约经营的杂种杨。杂种杨可以通过遗传改良来获得与加工企业需求的杨木特性更加接近的木材，未来杂种杨将是木材供应的主要来源[2,5]。

2.1　纸浆和纸制品

杨树木材的一个重要用途就是纸浆和造纸。杨木可以用所有的纸浆方法加工，例如：机械法、化学法以及处于两者之间的化学机械法、半化学法制浆。纸浆厂可以100%的利用杨木资源。杨木浆主要用途可以分为下面3类：

特殊纸产品，如：餐巾纸、纸巾、薄纸、包装用纸板和屋面卷材等。

建筑板材：绝热板、隔音板、天花板和硬纸板。

一般用途纸浆：包括磨木浆、牛皮纸浆、半化学和漂白亚硫酸亚纸浆。

杨树牛皮纸浆具有良好的成纸性能、高透明度以及印刷性能，非常适合做高级纸。然而杨树牛皮纸浆细屑和洗涤残余物较多。杨木牛皮纸浆并不直接造纸，而是首先与针叶木浆混合，增强湿纸幅的强度。杨木（主要是美洲山杨）亚硫酸盐法制浆在北美已经有近50年的历史，杨木浆一般都是与针叶木浆混合，蒽醌催化亚硫酸盐法提高了杨木纸浆得率并且增强了纸张的力学强度[21]。

Laboskv[15]，Law 和 Rioux[16]对不同杨树品种纸浆性能进行了研究，结果表明，杂种杨与美州山杨相比，短细胞（<0.2mm）和木质素比例更高。以杂种杨为原料生产的机械化学浆与美州山杨相比，需要更多的药品能耗来漂白。杂种杨生长迅速，并且纤维长度没有明显变化[4]。Zarges 和 Neuman[22]研究表明，杂种杨与美洲山杨牛皮纸浆性能相似。

2.2 锯材

美国和加拿大山杨分布区的木材加工厂已经有几十年的历史了。因为经济因素，木材加工量一直保持相对较低的水平。因为杨树原木直径较小并且容易腐朽，所以杨木加工成本比其他阔叶材和针叶材更高。杨木锯材的市场尽管很广阔，但是在很大程度上受到木材力学性质和等级的限制。北美巨大的住宅建筑市场被针叶材所垄断。目测应力分级杨树规格材（包括山杨、美洲黑杨和香脂杨）广泛应用于结构方面。杨树属于北方树种，在美国和 SPF 一类木材相比具有较低的许用设计应力。非应力木的杨树锯材广泛应用于家具产品（托盘、木条板箱、家具部件、门心板等）。

Hall 等[9]、Hemandez 等[10]和 Kretschmann 等[14]进行了杂种杨做锯材的试验。杂种杨机械加工特性与美洲黑杨接近但比美洲山杨低。杂种杨有一个明显的幼龄材阶段，离髓心越远，木材力学性能增加，杨树林分轮伐期越长，越容易获得力学性能好的材料[1]。在胸高处，木材生长速度与密度和力学性质呈轻微的负相关。无性系之间的力学性质差异明显。这说明以后利用基因工程选育高机械性能的建筑锯材品种是很有希望的。杨木最大的缺陷是容易翘曲。亟需特殊干燥工艺来改善杨木较低的出材率。

2.3　杨木复合材料

复合材料是把2种或2种以上任何材料组合起来而得到的一种多相固体材料。复合材料具有其组成材料的优良特性，在大多数情况下还具有其组成材料所不具有的优良特性。广义的复合材包括了大量的木材产品复合板条（芯板材、纤维板、华夫板、OSB和胶合板）、复合板材（LVL，PSL，LSL）和复合木工字梁。依据所使用胶合系统的类型，有的用于室内，主要是装修材；有的用于室外，主要是结构材。复合板相比普通锯材的主要优点是复合板木纤维利用率更高，一般利用率：LVL为52%，PSL为64%，LSL为76%[19]，OSB为80%~90%，细木工板和纤维板为85%~95%，而锯材利用率为40%。

不管是何种复合板材，都需要首先将原木加工为小单元弹板、刨花和纤维)，然后组合利用恰当的胶粘剂胶合成更为有效的结构性形状和尺寸，提高了产品的出材率，改善了产品的均匀性，提高了纤维的使用价值。复合产品比锯材更具灵活性和包容性，受木材性能影响小。但是它们的生产和性能又受到木材本身性能的影响，例如容易形成应拉木，对木材加工有很大的负面影响。又比如加工成单板，刨花，刨光，因为杨木幼龄材力学性质较差，如果幼龄材比例过高，产品的机械加工性能就会降低。

Lowood等[1]回顾了OSB和华夫板的发展历程和制作流程。第一家OSB厂1982年始建于Alberta州的Edson市，从那以后，OSB成为全球性的产业。OSB由长方形的刨花条生产而来，由几层的刨花条组成，而且每一层刨花条都是平行排列，层与层之间垂直排列，就像胶合板交叉排列的单板一样。这种独一无二的排列方式，使得OSB具有非常高的强度和刚度性能。

OSB生产包括以下几道工序，原木剥皮、刨片、干燥与复合胶粘和蜡混合铺装、热压、砂光。OSB的市场和应用范围很广，产品可应用于结构和非结构领域。在结构应用方面，使用一些大薄均匀尺寸稳定性好的板，主要市场在居住建筑当中，如楼面板、屋面顶、墙面板和工字梁腹板。OSB应用在一些工业当中，包括混凝土的模板、包装、椅背和椅垫以及硬木地板芯层、结构隔声板、工字梁腹板等。集约经营的杂种杨人工林将会为不断增长的 OSB 产业提供原料。在美国和加拿大，杂种杨已经成功地取代美洲山杨成为结构板生产原料的主要来源[8,23]。杂种杨生产的产品与美洲山杨生产的产品性质基本相近，但是基木密度的差异仍需要特殊工艺来调整。

复合木质品中，LVL 和 LSL 值得特别一提，因为杨木特别适合制作此类产品，Nelson[19]对杨木制作 LVL 和 LSL 进行了很好的总结。

在典型的 LVL 生产工艺当中，在旋切干燥的单板涂防水结构胶铺装，形成厚的纹理平行的多层结构，经过热压加固，在特定的压力下，LVL 有固定的长度，或者施加连续的压力形成的长度不固定。板坯经过热压，被切割成所需要的宽度和长度，这个过程有助于把高等级的单板放在表层，把低等级的单板放在里面，杨木制造 LVL 的强度和刚度与花旗松（*Pseudotsuga menziesii*）接近。杨木单板与致密的针叶木材所旋切的单板相比，加工缺陷少加工裂纹少，程度低，这就降低了胶的渗透，并且会获得均匀的胶合力。LVL 与锯材相比，均一性好，具有性能的可预测性、规格的多样性和尺寸的稳定性，容易进行防火与防腐处理。

在 LSL 生产当中，常用细窄的经过干燥的刨花涂以防水胶，并且组成厚的纹理平行的定向层状结构，板坯被热压成厚 140mm 以上、宽 2.4m，长 15m 以上的幅面，然后锯成需要的长度。LSL。的主要优势就是将小甚至翘曲、弯曲的原木，进行合理的利用，其他的优势类似 LVL。

3 利用前景

在过去的 20 多年里，杨树已经从杂草树种转变为具有重要经济效益的用材树种。随着华夫板、OSB 和 LSL 等的出现，山杨的消耗量大量增加。乡土杨树和杂种杨都有各自的缺陷，例如：易变色和腐朽，不易干燥，容易形成应拉木。以后的研究重点应该放在改良木材的物理和机械性质方面。直到今天，杨木木材仍然最适合于纸浆和造纸、LSL 和结构板工业和结构复合板。

杨树木材将来的利用前景是广阔的。目前木浆需求量显著增加，很大程度上需要通过集约经营的人工林来满足，杨树就是其中重要的树种之一。从资源生产的角度来看，随着生物技术的进展，以改良木材性质例如化学组成、纤维质量和自然耐久性为目的的转基因杨树已经取得长足进展；从资源利用角度来看，高价值的工程复合板和高得率的纸浆和纸产品将会在未来快速增长。

参考文献

[1] Bendtsen B A, R RMaeglin, F Deneke Comparison ofmechan ical and anatomical properties of eastern cottonwood and *Populus hybrid* NE - 237[J]. Wood Sci, 1981,14(1): 1 ~ 14.

[2] Boerjan W. Integration of new tools into long - term breeding strategies [C]// J G isebmnds, J Richardson (eds). USDA Forest Service Noah Central Research Station General Technical ReportNC - 215. 21st Session of the Intemational Poplar Cc, n mission (1PC2000), Poplar and Willow Culture: Meeting the Needs of Society and the Environment, 2000: 19.

[3] David A J, Zasada John C, Gilmore D W, et al. Current trends in the managenent of aspen and mixed aspen forests for sustain able ploduction[J]. Forestry chronicle, 2001, 77(3): 525 ~ 532.

[4] De Bell J D, B L Gartner, D SDeBell Fiber length in young hy brid Popuhs stuns grown at extemely different mtes[J]. Can J For Res, 1998,28:603 ~ 608.

[5] D inus R J. Genetic modification of pop lar wood physical and chemicalproperties[C]//J G Isebrands, J Richardson, (eds). USDA Forest Service North Central Research Station General Technical Report NC - 215. 21 st Session of the International Pop lar Commission (lPC 2000), Pop lar and Willow Culture: Meeting the Needs of Society and the Environment, 2000: 50.

[6] Eckstein D, W Liese, A L Shigo. Relationship ofwood structure to compartmentalization of discolored wood in hybrid pop lar[J]. Can J For Res, 1979, 9:205 ~ 210.

[7] Forest Products Laboratory Wood handbook: Wood as an engi neeringmaterial[R]. Madison, W I:USDA Forest Service, For est Products Laboratory, 1999.

[8] Geiner R L, J B Crist Structural flake board titan short rotation intensively cultured hybrid Populus clones[J]. Forest Prod J, 1980, 30 (6): 42 ~ 48.

[9] Hall R B, G D Hilton, C A Maynard Construction lumber from hybrid aspen plantations in the central states[J]. J Forestry, 1982, 80:291 ~ 294.

[10] Hemandez R E, A Koubaa, M Beaudoin, et al Selected me chanical properties of fast -

growing poplar hybrid clones [J]. Wood Fiber Sci, 1998, 30 (2): 138 ~ 147.

[11] HoltD H, W KMurphey Properties of hybrid poplar juvenile wood affected by silvicultural treatnents[J]. Wood Sci, 1978, 10(4): 198 ~ 203.

[12] isebmnds J G, R A Parham Tension wood anatomy of short rotation *Populus* spp. before and after kraft pulping[J]. Wood Sci, 1974, 6 (3): 256 ~ 265.

[13] Koubaa A, R E Hemandez, M Beaudoin, et al Intercbnal, intracbnal, and within - tree variation in fiber length of poplar hybridcbnes [J]. Wood Fiber Sci, 1998, 30 (1) : 40 ~ 47.

[14] Kretschmann D E, J G isebmnds, G Stanosz, et al Structural lmaber properties of hybrid poplar[R]. Madison, W k USDA Forest Service, Forest Products Labomtory, 1999.

[15] LaboskyR Jr, TW Bowersox, P RBlankenhom Kmftpulp yields and paper properties obtained from first and second rota tions of three hybrid poplar cbnes[J]. Wood Fiber Sci, 1983, 15(1): 81 ~ 89.

[16] Law KN, S Rbux Five short - rotation poplar cbnes grown in Quebec: Wood and papennaking properties Tmber manage ment toward wood quality and end product[C] / / Proceedings of the CTIA - IU FRO Intemational Wood Quality Workshop, Quebec City, Canada, August 18 - 22, 1997: Vii 19 Vii 28.

[17] Lowood J. Oriented strand board and waferboar4 [C]//S Smulski (ed). Engineered wood products, a guide for speci tiers, desiguers, and users PFS Res Foundation Madison, W I, 1997:123 ~ 145.

[18] Morley PM, J J Balatinecz Poplar utilization in Canada: past, present and future[J]. For Chron, 1993,69 (1): 46 ~ 52. [19] Nelson S Structural composite lumber [C]//S Smulski (ed). Engineered wood products, a guide for specifiers de signers, and users PFS Res Foundation Madison, W L 1997: 147 ~ 172.

[20] Panshin A J, C de Zeeuw. Textbook of wood technobgy[M]. New York, NY:McGraw - Hill, Inc, 1980: 722.

[21] Wong A. Review of pulping and paper making properties of aspen[R]. Canadian and Alberta Forest Service, 1987: 81.

[22] Zarges R V, R D Neuman Kraft pulp and paper properties of *Populus* cbnes grown under short - rotation intensive culture [J]. TAPPI, 1980, 63: 91 ~ 94.

[23] Zhou D. A study of oriented structural board made from hybrid pop lan Physical and mechanical properties of O S13 [J]. Holz als Rohund Werkstoff, 1990, 48 (7/8) : 293 ~ 296.

(原载《世界林业研究》,2007 年 8 月第 4 期)

制约河南林纸一体化因素分析及对策建议

牛正田　郭大川　郭海泉

（河南投资集团有限公司　郑州　450008）

提要：本文分析了制约河南省林纸一体化发展主要因素，提出了制定纸浆林区域发展规划、完善集体林地经营权流转制度、完善林业资源资产抵押贷款、放活经营、加快平原区国有林场改革等相关政策，是解决限制"林纸结合"问题的关键。

关键词：林纸一体化；制约因素；建议

Detain Factors and Suggestions on Forest-Paper Integration in Henan Province

Niu Zhengtian　Guo Dachuan　Guo Haiquan

(Henan investment group co. limited, Zhengzhou 450008)

Abstract: This paper discussed the main detain factors on the forest - paper integration in henan province, and offered suggestions on the planning pulp - forest blueprint, improving forest - land changing schedule, improving forestry resources and property collateral loan, free management ; enhancing the reform of the state forest farm in plain area.

Keywords: forest - paper integration; detain factors; suggestions

从世界范围来看，造纸业已经成为国际经济的重要基础产业和支柱产业，其产值在全球制造产业中位居钢铁产业和航空航天产业之前，电信制造业和汽车产业之后。在美国、加拿大、日本、芬兰、瑞典等经济发达国家，造纸产业已成为国民经济十大支柱制造业之一[1]。但从这些造纸工业发达国家的情况来看，其造纸业的快速发展并没有产生森林资源严重匮乏、环境遭到严重破坏的问题，而是形成了环境和经济的协调发展以及良性循环。这很大程度归功于这些国家较早并有效地实行了林纸一体化。林纸一体化是指林业和纸浆造纸企业以多种形式建设速生丰产原料林基地，并将制浆、造纸、造林、营林、采伐与销售结合起来，形成良性循环的产业链，带动林业和造纸业发展的一种模式。这一发展模式既激发了人们投资营林业的积极性，又保证了优质造纸原料的供应，从而实现了造纸业、森林资源、生态、环境的多赢局面。

河南省麦草等禾本科植物纤维原料比较丰富，但这些原料生产出的纸张质量不高，对环境污染比较严重。发展林纸一体化对于节约用水、保护和改善环境、造纸工业走新型工业化道路、以及社会主义新农村建设都具重要意义。因此，政府也在大力推林纸一体化，2002 年 9 月。河南省人民政府转发的《加快河南省造纸工业结构调整、关闭污染严重造纸企业及草类制浆生产线实施意见》中便明确指出，应当尽快调整造纸原料结构，“把加快发展木浆造纸作为河南省造纸工业原料结构调整的重点，以规模制浆造纸企业为龙头，大力发展造纸林基地，加快推进林纸一体化工程，努力提高木浆造纸比重。对草类制浆实施总量控制和规模化生产，不再新上草类制浆造纸企业。”此后，林纸一体化项目成为河南造纸业转型的主要方向并迅速升温。2003 年，濮阳龙丰纸业有限公司、焦作瑞丰纸业有限公司和新乡新亚纸业集团股份有限公司林纸一体化项目开始启动。随后，信阳、南阳、三门峡等地也先后提出实施林纸一体化项目。但截止目前，只有濮阳龙丰纸业得到国家发改委的批准，焦作瑞丰纸业有限公司、和新乡新亚纸业集团股份有限公司建成投产，合计年产木浆 36.6 万 t，营造原料林 3 万亩左右，与山东、湖南、海南、福建等林纸产业发达省还存在一定差距。本文主要分析了阻碍我省“林纸结合”的主要因素，并就今后如何推动我省“林纸结合”产业化进程提出建议。

1 影响我省林纸一体化发展的主要问题

1.1 河南省森林资源现状影响林纸结合

河南省资源总量不足，森林覆盖率低。全省现有有林地面积 4054.5 万亩，活立木蓄积 1.34 亿 m^3，人均有林地面积只有 0.42 亩，人均占有森林蓄积仅为 1.38m^3；森林覆盖率 16.19%，在全国排名第 21 位。林业用地面积 6846.1 万亩，占全省土地总面积的比例只有 27.33%，林地资源总量不足，发展空间有限，难以满足经济发展对生态环境质量不断增长的需求[2]。

有人认为，河南省林纸结合的限制因素并不是森林资源问题。的确，如果仅从我省的木材蓄积总量看，原料似乎并不是问题的关键。因为 2007 年我省速丰林面积就已达到 1200 万亩，其中杨树面积 900 万亩。即使按 7 年的采伐周期计算，现有速丰林的木材蓄积量也可以支持每年生产木浆 300 万吨以上。然而，如果我们对这些速丰林进行更为细致的考察，就会发现我省造纸木浆资源难以自给的问题并不只是如缺少纸浆工厂那样简单。我省速丰林以幼、中龄林为主；单位面积蓄积量低，平均每亩蓄积量仅为 2.83m^3，只有全国平均水平（5.2m^3/亩）的一半。很难满足木浆生产对原料供应的两点基本要求，即①纸浆原料林资源分布集中，集约经营，运输费用低，能支持制浆企业的周期规模生产；②选择的树种适宜造纸，且实现品种化，保证制浆工艺与产品质量的稳定性。这是因为我省目前的人工林在造林之初并未定位于纸浆材定向培育，而大多是考虑防护效益等进行建设。由于林地分散且单位面积蓄积量低，加之地理条件复杂，树种多种多样，而一些树种又不适合制浆造纸等，导致可利用的资源更少，木材采伐与运输半径大、成本高，根本无法支撑制浆企业的规模化经营。

我省人工林生产率低，固然与林龄相对较小有关，但更主要的是由于造林目标的历史差异性所致。自新中国成立以来，我省在植树造林方面取得了举世瞩目的巨大成就，森林覆被率得到显著提高。但由于一直将提高森林覆被率作为造林的目标，很少涉及人工林产出木材的加工利用问题，因此，林业部门每年均是根据上级下达的造林面积指标以及下拨的造林经费按计划完成任务；而造林面积和“成活率”则是判别造林任务达标与否的一贯标准，至于所营造人工林的生长潜力如何、如何应用、效益高低等大多不在考察范畴。由于经营者在造林后并无经济责任和压力，往往只考虑如何完成造林任务。只问成活，不管生长、利用，加之缺乏管理费用的投入等，这样的人工林当然也很难表现出较高的生产率。

显然，“林纸结合”的关键不在于“纸”，而在于“林”，即要保证在木浆企业周边一定范围内有足够蓄积且品种相对单一的专门化纸浆林，满足木浆原料供应以及生产工艺的要求。造纸企业直接参与纸浆林基地建设，应该是解决我省木浆生产的原料供应问题的唯一途径。

1.2 土地使用权取得困难

目前取得土地困难主要有以下几方面：其一，农民有土地，但相当一部分有经济实力的人想留着自营不愿意出租或转让；其二，国有林场虽然具有一定的林地资源量，但职工不少，并且国有林场改革政策迟迟不能出台，这些有限的资源兼顾着他们的安置和生活问题，所以不愿出租或转让；其三，大量的不同经济成分的业主，纷纷加入速生丰产林造林的行列，他们灵活的取得土地方式使龙头企业望尘莫及[3]。另外，以转让土地使用权为特征的自营造林模式，林地所有者每年所获的地租不高，林农的林地收益相对其他农业项目也较低，在这种林地租金不断上涨的情况下，以较低租金获得林地的使用权就越来越难了。当然提高林农的比较效益是不能完全通过企业让利来实现的，但也不能损害农民的利益来满足企业的需要，而是要通过转换经营机制，提高经营管理水平，增加林业科技创新等方式，这样才能解决农民和企业双边利益的分配问题，也使得两者达到双赢的结果。

1.3 林地集约难度大

2004 年中共中央 1 号文件严禁在耕地上造林的指示贯彻后，平原区只能利用平荒滩、荒地、沟河路渠、四旁等地造林，除了国有林场和河道，滩涂和四旁林地都比较分散，给管理上带来难度。在山丘区，成片造速生丰产林的土地也较难落实。主要原因是，河南是已经绿化达标的省，连片的荒山确实已经很少，即使还有些连片荒山，也是不适宜造速丰林的不毛之地。在山丘区造速生丰产纸材林，只能在森林分类经营中被划定为商品林区的范围内，对那些低产林进行改造。但要改造这些低产林，必须解决一个关键问题，就是木材砍伐指标问题。而这种指标，省、市、县都无力解决——因为省以下各级林业部门都没有这项专用指标，只有国家给予专项安排，改造低产林营造速生丰产工业原料林才能真正落实。

1.4　企业建设投融资渠道不畅

目前可用于林纸一体化建设的专项资金少，项目建设资金主要以贷款（国内贷款渠道主要是国家开发银行和中国农业银行）和地方投资为主，特别是工业原料林基地建设项目贷款纳入国家商业银行管理，完全按照商业银行模式运作。由于林业项目周期长，加之信贷扶持政策不明朗，贷款担保条件过于苛刻，商业银行对项目的审批周期过长，严重制约着项目建设进程。原料林基地建设主要以政府推动和社会造林为主，企业自有林比例明显偏低。现有的原料林多是以各级政府的推动下农民自发营造的，目前的情况是企业和林业各自独立，两者之间缺乏有机的经济联系和经济上、法律上的约束机制。如果本地林纸企业再不介入，与农民签订收购合同，将会导致一方面农民会担心将来木材的出路，大大挫伤农民继续营造原料林的积极性；另一方面，如果外省企业捷足先登，率先与农民签订收购合同的话，本地林纸企业将面临有厂无原料的尴尬局面，后果不堪设想。据有关资料显示，世界上知名林纸企业自营林比例一般都在60%以上，如金光纸业（APP）就高达80%。原料林基地建设资金严重不足。各地在项目运作先期，其原料林基地建设多靠政府推动、地方财政补贴和农民投劳进行。但随着制浆工程的全面启动，原料林基地建设任务不断加大，基地建设将面临巨大的资金困难。由于连续几年政府在原料林基地建设方面投资较多，政府财政补贴资金越来越难以筹集；另一方面作为六大工程之一的速生丰产林基地建设，国家一直没有任何资金扶持，没有专项经费，地方政府和林业部门都不堪重负，严重制约着林纸一体化建设的进程[4]。

1.5　速生丰产工业原料林的采伐政策不明确

国家对森林实行限额采伐政策是必需的。但是实行森林分类经营后，对生态公益林和商品用材林应当采取完全不同的采伐管理政策：对生态公益林应当严格控制采伐；而对商品林应当放开，特别是对定向培育的、短轮伐期的速生丰产工业原料林，其采伐应当不受限额的限制。但这个政策至今没有明确。国家计委、财政部、国家林业局2001年下发的141号文件中虽然提出，在采伐计划中“可将造纸林基地实行计划单列”，但林业部门的同志普遍认为，这个规定只是一句空话。因为这个计划仍然包含在总的采伐限额中，省、市、县都不可能把其他消耗木材的行业（如人造板、矿山、包装、建筑、民用、烧材等）的指标都压缩甚至取消，来满足造纸材计划单列的需要，因为那是无法操作和落实的。还有一个问题，就是在非林业用地上造的林（如滩涂、“四旁”、部分不是基本农田的农用地等），只要发了林权证，就变成了林地，林木采伐就要按采伐限额政策管理。造林企业和大户说，我投了资，造了林，到时没有指标，不让我砍树，贷款怎么还？效益在哪里？弄不好还违法坐牢，我为什么要去造林？许多社会资金看好造工业原料林，就是因采伐政策不明确，不敢进来。这项政策不调整、不尽快明确，将严重制约我国商品林业的开发建设，也将使林纸一体化工程建设规划难以实施。

2 推动河南省“林纸一体化”的对策与建议

河南省“林纸一体化”问题解决的关键，需要一系列配套林业政策。为此，提出相关对策与建议如下：

2.1 加大速丰林基地建设的统筹规划

“林纸一体化”是我省近年来建设的热点，地方政府以及造纸企业争相开展纸浆林基地建设。但由于缺乏统筹规划，造林规模小而分散，且大多缺乏造纸龙头企业的带动，结果是造成国家财力以及土地资源的浪费，甚至因挤占农田而开始威胁到国家的粮食安全。2004 年，国务院在颁布《全国林纸一体化工程建设“十五”及 2010 年专项规划》的同时，不得不通过下发“1 号文件”进一步强调保护基本农田的国策等，其根本原因主要是由于缺乏区域经济规划所致[5]。实际上，林纸一体化是一个大的系统工程，我们完全可以通过区域经济发展规划加以规范，鼓励有龙头造纸企业的地区按规划营造一定面积的纸浆林，增强本省造纸工业竞争力；同时遏止一些并不具备自然条件或龙头企业的地区盲目投资纸浆林建设等，从而保证粮食、林纸等国民经济重要相关产业的均衡发展。

2.2 建立完善的林地经营权流转制度

当国家区域经济规划确定某一地区的纸浆林建设项目后，林地经营权流转便进入企业与地方政府的议事日程。与通过分田到户解决我国粮食问题不同，纸浆林经营周期长，属于资金和技术密集型的建设项目，靠千家万户生产是很难成功的。为解决林农与纸浆林规模经营的矛盾，可以在政府的主导下，通过合作化或股份制形式整合农户的零散林地，实现林农有组织地与企业合作经营林地，或按年收取林地租金，或直接转化为企业股份，提高林农的经济收益。甚至鼓励林农用林地换取家庭医疗、养老保险等，既解决了我省林纸结合中的林地规模经营问题，也解决了一些地区林农的社会保障问题等。在农业用地方面有可供林地经营权流转借鉴的经验，目前，舞钢市参与流转的耕地达到 2.5 万亩，形成了烟叶、蔬菜、药材等经济作物种植基地。把土地集中起来，发挥现代农业机械、现代农业技术优势和土地规模经济效益。舞钢市清醒地认识到了耕地政策创新的必要性、重要性。从去年开始，他们按照“依法、自愿、有偿”的原则，以自然村为单位，选择 1 万亩土地、约 1 万口人进行土地流转试点。为顺利推进土地流转，该市在试点村推行村民养老保险制度，解决他们的后顾之忧。对希望迁入城镇居住的村民，免费办理城镇户籍，享受居住地居民待遇。为吸引“外商”前来“种地”，对土地流转面积 500 亩以上、用于高效农业的投资商，市政府连续两年补助 70% 的租金，并免费办理相关手续。目前在集体林权制度改革在我省如火如荼的进行，但还需要在执行过程中不断完善配套制度改革。

2.3 完善林业资源资产抵押贷款

目前，我省林业企业贷款的方式主要有小额信用贷款、普通担保贷款及联保贷款。由于改革前森林资源产权不明晰，处理变现难，使得信贷投入遭遇担保难、回收难、风险无法控制，各家银行普遍存在“惧贷”现象，这也是长期困扰林业企业的“贷款存量小、增加额度难”问题存在的主要原因。在福建等林纸产业发达地区林业企业在林权制度改革后贷款的几种方式有：林权反担保贷款、林木抵押贷款、无形资产抵押贷款以及其他贷款方式等。其中无形资产抵押贷款，主要是发挥森林生态旅游优势，以旅游品牌做抵押贷款，还有以门票收入等未来收益作抵押贷款[6]。人民银行三明市中心支行的黄小彪和林凯琼根据人民银行三明市支行在三明市试点的森林资源资产抵押贷款时间，研究了拓展森林资源资产抵押贷款的一些问题，三明支行构筑了政、银、林协作平台，引导金融机构积极探索拓宽林业投融资新途径破解林业企业、林农贷款抵押难问题，较好地解决了“三农”问题，积极推进县域经济发展，实现政府、银行、企业、林农“四赢”局面[7]。我省金融机构还要在完善贷款政策方面做进一步的探索。

2.4 放活经营

一是改革商品林采伐限额管理制度。根据森林分类经营的要求，对公益林和商品林采取不同的采伐管理制度，确保经营主体有充分的处置权。将森林采伐限额管理制度改革的重点放在商品林，将现行“采伐限额制”逐渐改为“采伐报告制”，落实林木的处置权。对生态公益林应严格控制采伐，只允许进行抚育、更新和卫生性质的采伐。

二是改革不合理的林业税费政策。经过农村税费改革后，随着林业特产税的取消，直接针对林木种植的税费已经很少，但木材销售额15%育林基金的征收，已在部分地区影响了农民种树的积极性。建议按取之于林用之于林的原则，育林基金主要用于补偿造林费用，当月缴纳后，次月将育林基金的80%补偿给造林户，其余部分待次年林木更新完成，林业部门验收合格后予以补偿；我省的邓州市在这方面已走出了良好的开端，希望能在借鉴发达省份及我省个别地区经验，取消或出台新的育林基金政策。

2.5 推进国有林场改革

平原区国有林场林地相对集中、便于大面积发展杨树人工林、成为浆纸企业争夺原料林的首选。河南省平原区人均1.4亩地基本解决了粮食问题，而国有林场人均80亩地，仍解决不了职工工资问题，因此国有林场的改革势在必行。国有林场林业产权的核心问题就是国有森林资源管理体制问题，改革现行森林资源管理体制，探索建立与社会主义市场经济体制相适应的森林资源管理新模式，适应以生态建设为主的林业发展战略的实施，是落实科学发展观的重大举措，是深化重点国有林场经济体制改革、实现森林资源可持续经营的必然选择。今后应在三方面入手，推进国有林场改革：一是要探索行之有效的森林资源监管体制；二是要健全国有林场管理机构，履行出资人职责，享有所有者权益；三是要在国有林场建立起产权明晰、权责统一，管资产和管人、管事相结合的，办事高效、运转协调、执法严明、监管有力的森林资源管理体制[8]。

最后，深化其他配套改革是林业更好服务林纸一体化的着力点，比如改革林木采伐管理制度、加大对林区基础设施的投入、加快林业监管机构职能转变、建立林业合作经济组织，建立林业协会等服务组织等。上述问题如能尽快解决，河南省林浆纸一体化工程建设必将出现一个崭新的局面。

参考文献

[1]顾民达.我国纸浆原料林基地建设现状与发展对策[J]. 中华纸业，2004,25(2):15

[2]河南省林业厅关于加快林业发展建设林业生态省(生态河南)的情况汇报。

[3]裴安道.多元化的造林模式推动林浆纸一体化基地建设.中华纸业,2006.27(6):16 ~17

[4]范增伟.论河南省实施林纸一体化的重要战略意义.河南林业科技,2007.27(1):24~25

[5]康向阳.我国林纸一体化亟待解决的瓶颈问题.中华纸业,2007.28(4):22~25

[6]黄顺斌.完善森林资源资产抵押贷款模式的几点思考.改革之窗,2005,(9),8~12

[7]黄小彪,林凯琼,人民银行三明市中心支行.三明市拓展森林资源抵押贷款的实践与思考.经验交流,2006.10.

[8]张爱美.对国有森林资源管理体制改革的思考[J].林业资源管理,2007,(4):10~13

（原载《河南社会科学》）

下 篇

杨树速生机理研究

黑杨派无性系苗期产量相关性状的遗传变异

摘要： 本书以我国目前在华北中原地区杨树生产中广泛栽培的黑杨派无性系为研究对象，通过一年生扦插苗盆栽控制试验，采用光合测定系统、叶面积仪、解剖学、非结构性碳水化合物含量测定、叶绿素计等方法，系统研究了9个黑杨派无性系产量性状以及物候、形态、气体交换特性、叶片生长发育特性、根冠比、显微结构和生化性状等产量相关性状的遗传变异规律，并对这些指标与产量性状进行相关和回归分析，以期揭示速生无性系所具有的优良特性，探讨这些性状能否作为选育速生无性系杨树的早期选择指标以及能否成为杨树理想株型的新指标。

盆栽试验结果表明：

（1）9个黑杨派无性系在产量性状上存在着极显著的差异。苗高、地径、生物量无性系重复力高，说明这3个性状受遗传因素影响较大，对它们进行直接选择是可靠的。生物量测定结果与无性系对比林试验结果基本一致，生物量大生长快的4个无性系为108杨、107杨、Por杨和111杨，生物量小生长慢的是Be杨和113杨，苗高、地径和茎容量指数与生物量显著相关，是选育高产无性系的可靠指标之一。

（2）9个黑杨派无性系在物候期上差异较大，特别是生长后期诸物候期变异幅度更大，决定各无性系生长期长短的因素主要是生长后期诸物候期的差异，将生长后期诸物候期的早晚作为速生无性系早期选择的依据。生长较快无性系的生物量是在速生期内依靠较高生长效率来获得，生长效率也是选择速生无性系应考虑的一个相关指标，生长季节的长短只是无性系对栽培地点长期适应的结果。

（3）9个无性系所测定的7个叶片形态及2个间接性状，除叶片含水率在无性系间差异不显著外，其余 8 个性状在无性系间均存在显著差异，比较叶面积虽然在无性系间存在显著差异，但该性状受遗传因素影响较小，其他性状重复力值均较高。光照对叶片生长发育影响很大，上部叶片受强光照影响，树冠上部叶片较树冠下部叶片更长、更宽，叶柄更长更粗。上部叶片与生物量相关性高，是选育高产无性系的可靠指标之一。

(4) 叶片生长发育特性中，全株总叶面积、叶面积的增长速率、放叶间隔期、节间长度和全株总叶片数量都可以作为选育速生无性系时参考的指标。

(5) 适当的干物质在树冠和树根的分配，对于植物的生长发育具有重要影响，根冠比过高或是过低对于植物的生长发育都不利。适合的根冠比可以作为选育速生无性系的指标。

(6) 9 个无性系的气体交换特性研究表明：速生无性系除了在不同叶位叶片光合平均值较高，说明速生无性系叶片随叶龄的增大光合速率变化比较缓慢，或者说叶片维持高光效的时间更长，可以作为选择速生无性系的指标外，速生无性系在其他指标方面并没有表现出较生长慢的无性系更优良的特性。不同无性系的水分利用效率与相应的蒸腾速率负相关，而与净光合速率并不相关，因此可以认为无性系间水分利用效率的差异是由于它们蒸腾速率差异造成的，选育高产和高水分利用效率的杨树无性系是可行的。

(7) 3 个杨树无性系叶表皮形态基本一致，它们之间没有质的不同，仅有量的差异。根据形态学及气孔形状，首次报道了杨树的气孔密度、大小、形状以及表皮细胞面积和单叶表皮细胞数目可以作为杨树高产指标。生长快的无性系叶片上表面气孔数多，气孔小，上下表皮气孔数目比较大，表皮细胞面积大，而且平均每个叶片表皮细胞数目多，栅栏组织更厚，叶肉细胞中叶绿体数目多，但是体积较小。生长慢的无性系则相反。因此叶片上表皮气孔数目和大小、表皮细胞面积大小和平均单叶表皮细胞数目、栅栏组织厚度、叶肉细胞中叶绿体数目和大小都可以作为选育速生无性系的指标之一。

(8) 扦插前插穗内非结构性碳水化合物（TNC）含量研究表明：无性系间 TNC 并无显著差别，且 TNC 与插穗萌条数没有线性相关性，但是每一萌蘖条干物重与非结构性碳水化合物含量和萌条数都具有显著相关性，TNC 的高低可以影响萌条的干重，对于萌条的早期生长具有重要影响。

（9）应用叶绿素计测量SPAD值可以预测杨树的叶绿素含量及含氮量，但不同无性系杨树叶片之间SPAD值并无显著差别，不同部位叶片和不同季节叶片SPAD值差别明显，因此利用SPAD值预测杨树产量以及诊断杨树叶片中叶绿素含量和含氮量应慎重。

关键词：黑杨派，杨树，无性系，产量，相关性状，遗传变异

Abstract: This paper usesrooted cuttings of 9 genotypes of sections *Aigieros* of *Populus* in a controlled pot test which were put in the field as the research object. We systematicly studied genetic variation patterns of the phonological traits, morphological traits, gas exchange characteristics, leaf development characteristics, root – crown ratio and micro – traits by using a Li – 6400 portable photosynthesis system equipment, a LI – 3000C portable area meter, Anatomical method, resolvable sugar and starch measured method and SPAD portable meter. Then we use the data of all these traits to do correlation and regression analysis in order to know which traits were kept by superior clones, and whether these traits can be used as the criteria to select good clones, this traits can be useful for the future MAS breeding program.

The pot test results showed that:

(1) Yield traits of 9clones presence significant difference. The fast growing clones which were used very commonly in the field got higher height, basal diameter and biomass contrast to slow growing clones. The fast 4 growing clones are clones: 107, 108, 111 and Por, While the slow growing clones are Be and 113. Biomass showed significantly correlation with height, basal diameter and stem volume index. Results here have confirmed that height, diameter and stem volume index are indicative of yield.

(2) Therewas much different in the 8 phenological phases among the 9 clones, especially the phenological phases at the late growth stage. The different stages at the later phenological phases could be as a reference for early selection of poplar clones. But the biomass the clones are harvested during the high growth effienicy in the high growth period. This result also showed the growth efficiency

is an important index for selection superior clones.

(3) The 7 morphological traits and 2 indirect traits of leaves showed significantly difference just besides leaf water content. The specific leaf area exists difference between 9 clones, but the genetic heritability is low. The radiation has a strong positive effect on leaf size, leaves in the upper canopy are larger than the leaves in the lower canopy, and the petiole length and diameter is also superior in the upper canopy than leaves in the lower canopy. The leaf length, leaf width and leaf area of the upper canopy is more appropriate as a selection index.

(4) As the leaf development characteristics, total leaf area, leaf expansion rate, leaf production rate, the length between two leaves and the total leave number all can be used as a reference index to superior clone selection.

(5) The root – crown ration showed that appropriate photosynthesis production allocate is very important to plant development. The ratio is too high or too low is not good to plant growth and development. Appropriate root – crown ratio can be used as the index for superior clone selection.

(6) The gas exchange parameters result showed that just the means of net photosynthesis of different leaf location can be the index for superior clone selection breeding program, superior clones haven't show good result in other parameters. The result also showed that there is no significant correlation between net photosynthetic rate and water use efficiency, so it is possible to select high yield and high water use efficiency clones.

(7) The fast growing clones have the characteristics: more stomatal in the adaxial leaf, stomatal is smaller, the number of stomatal in adaxial side/abaxial side is more bigger, Epidermal cell area is bigger, Epidermal cell number per leaf is greater, the palisade tissue is more thicker, the leaf cell has more cholorphll body and cholorphll body is more smaller.

(8) There is no difference between the non – structural carbon – hydrate content of the cutting before planting. And TNC have no linear correlation with number of shoot per cutting, but dry weight per shoot has correlation with TNC and number of shoot per cutting. TNC can affect the dry weight of shoot, so it is

very important for the early growth of shoot.

(9) We can use the SPAD to speculate the cholorphll and nitrogen content. But there is no difference of the SPAD value between the clones. The SPAD value of leaves exits difference by different leaf location and season. So when use the SPAD value to forecast the poplar production and the cholorphll content and nitrogen content we should be caution.

Keywords: *Populus*, Section *Aigierious*, Clone, Traits in Relation to Yield, Genetic variation.

1　绪　论

1.1　引　言

1.1.1　研究背景

面对全球性的能源危机、气候变化以及木材短缺等问题，科学家们发现，发展短周期林业（short rotation forestry）是解决这些问题的有效途径。通过燃烧树木，人们同样可以获得与燃烧煤或石油一样的能量，而且与煤和石油相比，树木还具有不断生长的优势，是可再生能源；另外用树木代替传统燃料还将大大减少二氧化碳的排放量，减缓温室效应产生；同时在欧洲、北美等一些发达国家，农业利润在很大程度上依赖政府对农业生产的补贴，于是就生产了大量的剩余农产品，会对发展中国家的农业发展产生负面影响，多余的农业用地被转变为林地后，不仅可以提供木材和纤维，而且可以为环境服务，例如生物多样性、促进社会经济发展等。

短周期林业是应用速生树种在集约经营管理下，2～10 年收获的一种栽培措施。依据最终产品、树种和气候的不同，短周期林业包括萌蘖林和单一树干的林分，并且随着初始密度的不同，轮伐的周期可以达 20 年左右，主要产品是生物燃料和纸浆产品，最常用的树种是桉属、杨属和柳属植物。杨树是所有杨属（*Populus*）树木的统称，在北半球有广泛的自然分布。因具有速生、容易无性繁殖的特点，自古以来，杨树就深受广大人民的欢迎，栽培历史悠久。杨树栽培最早起源于中国。目前，杨树已经在六大洲广泛分布，杨树的广泛栽培产生了重要的经济和环境效益——纸浆和纸制品、板材、锯材、农田防护林、河流两岸的护堤、防止水土流失。

杨树短周期林业在比利时、法国、德国、意大利、英国和北美发展迅速。德国可再生能源委员会总协调人 N. El. Bassam 教授最近在第二届国际农业可持续发展会议上说“德国将在未来 20 年内逐渐关闭所有的核电站，取而代之的是可再生能源，而可再生能源家族中现实可行的能源是生物能源”。在北美，为了找到杨树能快速生长的原因，研究人员利用基因技术收集了 13000 多个北美杨树的样本，希望通过对它们的研究筛选出生长速度更快，抵御病虫害能力更强的杨树无性系，以便能培育出理想的杨树株型作为新型燃料。如果这个研究计划获得成功，它将成为人类利用生物技术发展环保能源的又一成功典型范例。杨树也是我国重要造林树种，我国拥有 300 万 hm^2的杨树天然林和超过 600 万 hm^2的杨树人工林，杨树人工林面积占全国人工林总面积的 19%，为世界其他国家杨树人工林面积的 4 倍。

综上所述，杨树是中纬度地区最速生的树种之一，对它的研究历来受到重视，特别是 20 世纪 80 年代以后对它的研究非常活跃。研究的焦点是把生理学、形态学和遗传学结合在一起，对形态和生理特性进行遗传学的分析，从而对杨树无性系的产量、生理有更好的了解。

1.1.2 研究目的和意义

中国林业科学研究院从 20 世纪 80 年代开始从意大利引进欧美杨、美洲黑杨等黑杨派无性系，经过 10 多年的科研攻关，选育出以 107、108 为代表的一批杨树工业用材林新品种，在 90 年代推向生产，获得成功。目前，这些品种在华北、黄淮海和黄河中下游广大地区工业用材林建设中发挥着重要作用。据不完全统计，截至 2006 年底，这些品种目前在我国推广面积达 2000 多万亩。

但迄今为止对这些优良无性系的形态、生理、生化及物候等与产量相关性状研究的报道并不多。本研究面向生产，以目前在生产中大量推广的几个欧美杨优良无性系 107 杨、108 杨、111 杨等无性系为参试材料，以生长相对较慢的 Be 杨为对照，在相同的立地条件下和栽培措施下，通过比较生长速率不同无性系苗期在物候期、形态、解剖、生理、生化等指标方面存在的差异以及这些指标与生物量相关性研究，阐明无性系速生机理以及确定无性系早期选择指标体系，丰富杨树理想株型的概念，进而为指导今后的杨树育种工作以及缩短育种周期都具有重要意义。

1.2　国内外杨树产量生理遗传学及理想株型研究进展

林木育种学家唯一可以做的就是培育在特定环境条件下具有高效生理过程的遗传型（Paul Kramer，1986）[1]说。对杨树遗传生理的长期研究表明：速生的杨树基因型具有高效率的叶片碳同化能力，同时同化产物分配到树干中的比例也较高（Dickson，1989[2]；Deckmyn，2004[3]）。

1.2.1　影响叶片碳同化能力的主要因素

植物生长量与单位土地面积上植物叶片固定 CO_2 的能力成正相关（Monteith，1981[4]，1994[5]），林木收获物主要是营养器官即以纤维素和半纤维素为主的木材，而不是如农作物收获的是生殖器官，所以高产无性系与单位林地面积固定 CO_2 能力相关性更强（Linder，1985[6]）。增加产量的基础就是增大树冠截获有效太阳辐射的能力，同时增大光能转化效率（Ceulemans，1992[7]）。长期的杨树生理和遗传改良研究，为杨树高产育种提供了两个方向（Rae 等，2004[8]），一是提高光能利用效率，即增加单位土地上叶面积和增强光合效率；二是延长光合作用时间，最大限度的利用生长季节，即延长生长季节。

1.2.1.1　光合速率存在差异及影响因素

光合作用是树木生长的物质基础，因此叶片光合作用能力的强弱直接影响杨树无性系的产量（Ceulemans 和 Impens，1983[9]；Isebrands 等，1988[10]）。正因如此，国内外对杨树无性系的光合特性已进行了许多研究，而且一些研究表明光合速率与生长相关（Ceulemans and Impens，1983[9]；Isebrands 等，1988[10]；Ceulemans 等，1987[11]），特别是单株光合产量和一定时期的累积光合产量与生物量的相关较紧密（Isebrands et al.，1988[10]；尹伟伦，1983[12]；张志毅等，1992[13]）。但同时也有大量的研究表明光合作用与生物量并不相关（刘雅荣等，1983[14]；Taylor et al.，2001[15]；Robinson et al.，2004[16]；万雪芹，2006[17]）

Isebrands 等（1988）[10]认为光合作用与产量缺乏相关的原因有：①光合作用是一个受多基因控制的复杂性状；②光合测定常常只在某个时刻进

行，而并不能反映全天或整个生长季的变化情况；③绝大多数测定结果都是在单个叶片上获得，而产量更多地依靠整个树冠的光合作用。同时其他一些因子如研究材料、树龄、生长条件、生长季中光合作用的测定次数以及光合作用和其他生长影响因子（干物质分配、呼吸等）的关系也影响光合作用与产量的相关性。

1.2.1.2 结构影响光合有效叶面积

叶片是吸收光能并进行光合作用的主要器官，叶面积是决定光合产物产量的关键因素（Heilman and Xie，1994[18]），各种水平的结构特性影响有效叶面积。在组织水平，结构影响并改变了单位叶绿体截获的光量子数；在叶片水平，结构影响了单个叶片的有效叶面积；在枝子水平，叶片在枝子上的排列顺序影响了叶片表面的光辐射量（如图 1-1 所示）。

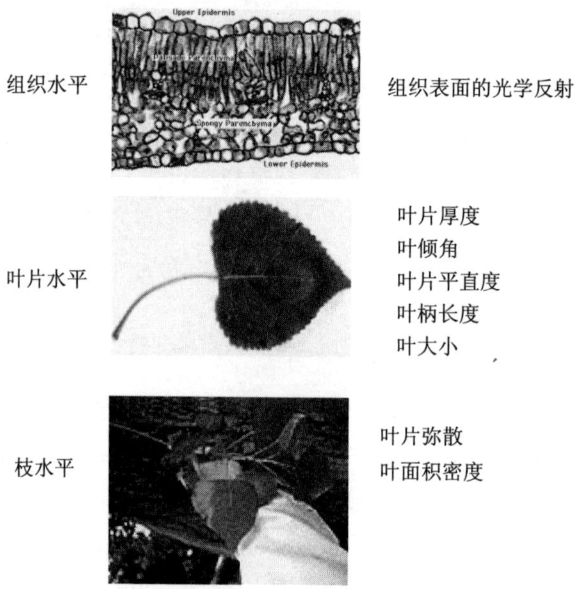

图 1-1 各种水平的结构决定光截获效率示意图

Figure 1-1 Summary of the structural determinants of leaf light - interception efficiency at various hierarchical levels.

1.2.1.2.1 组织水平的差异

叶绿体吸收光量子效率非常高，大多数光量子都被叶片表皮细胞吸收

(Buckley and Farqubar，2004[19])。为了增加叶片光照区域的一致性并增加单位叶绿素截获的光量子，很多植物在表皮都形成了类似凸透镜的表皮细胞（Poulson and Vogelmann，1990[20]；Smith et al.，1997[21]）。叶片是制造光合产物的中心，而叶绿素主要存在叶肉的栅栏组织中，一般认为栅栏组织越多，光合作用越强，抗逆性越强。但也有研究表明，栅栏组织细胞与光进入叶片的方向一致，有利于光量子进入叶片（Vogelmann and Martin，1993[22]），海绵组织无序排列使得光量子路径更长，并增强了光散射，因此单位数量的叶绿体在海绵组织中的截获光量子效率较栅栏组织更大（Terashima，1989[23]；Delucia et al.，1996[24]；Evans et al.，2004[25]）。这意味着一定叶绿体数量和叶片厚度的叶片光合效率仍随着栅栏组织和海绵组织构成以及直射光和漫射光的组成比例而有差异。另外，由于光合酶沿着叶片分布情况不同，叶片正面和背面光照，光合速率会有显著差异(Sun and　Nishio，2001[27]；Evans and Vogelmann，2003[26]；Buckley and Farquhar，2004[19])。许多处于过量光照逆境的植物会在叶片表皮形成短柔毛，减少到达叶肉细胞的光能，但这对植物来说，付出的营养消耗会很大（Karabourniotis and Bornman，1999[28]；Karabourniotis et al.，1999[29]）。

叶片的气孔涉及水分平衡、CO_2和O_2交换，因此对光合作用和生长有重要影响。Roden 等（1990）[30]报道气孔关闭与叶片生长、总叶面积以及材积的下降紧密相关。一般研究认为气孔形态特性与生长没有明显相关，气孔分布、密度和大小主要用于不同杨树无性系的区分。不同杨树无性系在气孔运动和反应上的差异具有重要意义。毛果杨无性系的气孔行为在多方面与其他杨树无性系不同，其每日或每季节气孔开放的时间要长于其他无性系；白天气孔对太阳辐射反应的滞后作用不明显（Ceulemans，1988[31]）；气孔对下降的叶水势反应不敏感，在一个非常低的叶水势下仍保持气孔开张（Rodgers，1989[32]）。Braatne 等（1992）[33]认为杂种 F1 代建立和维持水分丧失与生长的平衡能力要比亲本强，从而使其在干旱条件下的产量要高于亲本。

1.2.1.2.2　叶片水平

杨树叶片大小和叶片形状在不同种（Wu，et al.，1997[34]）、种源

(Scarascia - Mugnozza et al., 1986[35]; Dunlap et al., 1995[36]) 或无性系 (Rogers et al., 1989[32]; Wu et al., 1994[37], 1996[38]) 间均存在明显的差异。Weber 等 (1985)[39]对来自 10 个种群的 50 个毛果杨无性系的叶片性状进行了研究，结果表明大多数性状在种源间和种源内都存在变异，叶柄长和叶片宽从南到北呈增加趋势，而叶片长则随经度变化，即从东到西呈下降趋势。

叶片大小与材积存在强的正相关 (Ceulemans, 1990[40]; Ridge et al., 1986[41])，Ceulemans (1990)[40]对毛果杨、美洲黑杨和它们的杂种 F1、F2 的研究表明，杂种 F1 在生长上表现出的优势和其具有大的叶片有关 (Ceulemans et al., 1992[7]; Wu et al., 1996[38])，而杂种具有较大的叶片是由于它遗传了美洲黑杨细胞数目多和毛果杨细胞大的性状 (Ridge et al., 1986[41])。树冠不同部位的叶片特性与生长相关的强弱不一致，叶片大小、叶柄长和高生长的相关在树冠的上部要高于下部，新梢和早发枝 (proleptic) 要高于当年生枝 (sylleptic)，两者和胸径断面积的相关则有相反趋势。因此，对不同枝条类型和树冠位置的叶片特性进行选择所产生的间接选择效应将存在差异，对新梢和早发枝上的叶片大小和叶面积进行选择对材积所产生的间接选择效应要高于当年生枝。在美洲黑杨 × 小叶杨杂种 F1 中，在选择强度为 15% 时，新梢和当年生枝上的比叶面积、叶柄长和总叶面积的间接选择响应比材积直接选择响应高 13% ~ 35% (Wu et al., 1997[34])。

叶片角度对林冠结构有重要影响。它影响树冠内的光照，截留树冠不同层次叶片间光的分配，从而影响林冠的光合作用 (Dickmann et al., 1990[42])。从理论上说，理想的树冠结构是冠层上部有直立叶片，而冠层下部有较平展的叶片，这样可以增加光的透射和提高整个冠层对光的利用效率。在杨树中，叶片的方向可用 3 个不同的角度来定位：(1) 叶倾角 (lamina angle)；(2) 叶脉角 (midrib angle)；(3) 方位角 (azimuth angle) (Ceulemans et al., 1988)[31]；利用这三个角度可以计算叶顶角 (zenith angle) (Ceulemans, 1990)[40]。Ceulemans (1988)[31]研究表明方位角在无性系间的差异很小，而且在不同日期和年份间保持一致。叶倾角在不同的日期和年份间没有系统的改变，但在不同无性系和种间有显著差异。美洲黑杨的叶倾角不同于毛果杨和杂种无性系，毛果杨和种间杂种无性系的叶片几乎呈水平，平均叶倾角在80°左右，而美洲黑杨无性系的叶倾角为40°。叶脉角随叶龄和日期的改变而有很大改变，且在无性系间有显著差异，杂种无性系的叶脉角要高于两个亲本种。叶顶角在无性系间也存在显著差异，美洲黑杨的叶顶角要大于杂种无性系。

叶片的伸展方向对光合作用也有影响。Dickmann 等（1990）[42]研究了两个杂种杨树无性系两年生时叶片的伸展方向对光照截获和光合作用的影响。对于叶片为直立型的无性系，光照能穿透整个树冠，许多下部枝条上的叶片接受到的光照类似于上部新梢，而平展型叶片的无性系下部叶片上表面的光量子通量密度仅为上部新梢的一部分，因此前者下部叶片的光合作用潜力要大于后者。认为无性系在生长季后期保持较长时间的直径生长可能与下部树冠输送给主干形成层的光合产物有关。Wu（1994）[37]研究认为新梢和当年生枝上直立型的叶片在高光条件下上下表皮的光合速率相似，从而提高每天的碳获得量和水分利用效率。至今，叶片角度与材积相关的直接证据不多。Wu 等（1997）[34]发现控制第二年高生长的 QTLs 和控制叶脉角的 QTLs 在相同的连锁群 D 和 M 上不同枝条类型上的叶片角度与材积有着不同方向的相关，当年生枝上的叶倾角和叶脉角与材积呈中度负相关，早发枝上的叶倾角和叶脉角与材积呈中度正相关，因此对主干上交替分布的当年生枝和早发枝上的叶片角度进行不同方向的选择将会提高材积生产。新梢上的叶倾角和叶脉角与材积分别呈负和正的遗传相关，且相关系数较大。对新梢上的叶片角度进行选择要比对早发枝和当年生枝上的叶片方向进行选择更为有效。

1.2.1.2.3　分枝特性

树冠结构决定叶片的伸展、分布和林冠密度，因此影响光照截留，从而影响碳的固定。分枝特性如角度、大小和数目在决定林木的树冠结构和林分的林冠密度上起重要作用。一些分枝特性如分枝数、分枝长、分枝粗、分枝角度、分枝生物量和分枝上的叶面积受中到强的遗传控制（Ceulemans，1990[40]；Wu et al.，1994[37]）。分枝特性与生长的相关因分枝类型和树冠部位而异，对一些分枝特性如分枝大小、分枝角、分枝数进行选择所产生的间接选择响应要高于材积的直接选择响应（Wu，

1994[37]）。Ceulemans（1990）[40]对毛果杨、美洲黑杨和杂种 F1 的枝条特性进行了详细的研究。不同无性系由于在分枝特性上存在显著差异，从而引起分枝模型和树形的显著不同。Wu（1994）[37]在对美洲黑杨、毛果杨、杂种 F1、F 2 和回交种 B1 的树冠结构的研究中发现，分枝长和分枝数受 2 ~5个 QTLs 控制，分枝角受 1 个 QTLs 控制。分枝数第一年的广义遗传力为0.80，分枝长和分枝角为0.70，分枝数和分枝长在不同的年份和家系间紧密相关。分枝特性与断面积生长第一年的相关要大于第二年，与高生长的相关两年差别不大，其中分枝长与茎生长的相关系数最大（$r=0.749\sim0.775$）。

当年生枝条是热带树木树冠形成过程中的一种普遍特征，然而只有少数温带树木树冠具有这一特征，杨树就是其中之一。当年生枝条是由没有经过休眠的当年新生侧生分生组织形成的；相反，早发枝是由不连续生长的侧生分生组织形成的。不同无性系当年生枝条的产生时间前后有明显差别。研究发现毛果杨（*P. trichocarpa*）和美洲黑杨（*P. deltoides*）的杂种在生长季节的开始期和末期叶面积在当年生枝条上的比例比亲本都低，而在生长季节比双亲都高。叶面积在当年生枝条和早发枝上的分布比例在无性系间和季节变化上有显著差异。当年生枝条上叶面积比例可以从生长季节开始的67%变化到生长季节末期的31%（Powell and Vescio 1986[43]）。

1.2.1.3 叶面积及其生长持续期

国内外众多研究表明，杨树的总叶面积与生长紧密相关（尹伟伦，1982[44]；张志毅[13]等，1992；Roden et al.，1990[30]）。由于不同杨树无性系在季节生长模型上存在差异以及不同生长时期对产量影响的差异，对叶面积注重整个生长季动态变化的研究。Michael 等（1988）[45]研究了两个杨树无性系叶面积和总生物量的季节变化，认为无性系在 8 月和 9 月份干重的快速增加与叶面积的快速扩展有关。在 8 月初之前，两个无性系的叶面积基本相似，但之后其一无性系的叶面积又出现一次生长高峰，使落叶前的叶面积（$2850cm^2$）大大超过另一无性系（$1600cm^2$）。因此 9 月份后，叶面积高的无性系的生长就迅速超过了叶面积低的无性系，到 10 月份生长停止时，两者的生物量之比为68∶76（g）。因此夏末和早秋对木材生产非常重要，这也说明在夏末和早秋给以合理的灌溉、施肥和除草有可能提高产量。

杨树中，一些决定叶面积的生理因子如叶片生长速率、放叶间隔期和叶片生长持续期在无性系间存在显著差异。在杨树叶片的生长和发育过程中，放叶间隔期是一个值得注意的指标。自从 Erickson 和 Michelini (1957)[46]提出叶间隔期指数后，Larson (1971)[47]的研究工作中也开始应用间隔期指数作为精确衡量叶龄的标准来研究因叶龄不同而引起的某些生理过程的变化，但是他们没有详细研究放叶间隔期本身的变异，只是指出在他们的研究条件下，杨树的放叶间隔期为 2 天。

尹伟伦 (1982)[44]在对 10 个无性系苗的研究中发现，在旺盛生长期 10 个无性系放叶间隔差异是非常明显的，速生无性系放叶间隔期较长，为 1.7～2.2 天，生长较差的无性系为 1.4～1.6 天。说明在比较光合作用器官——叶的发育特性时，只是看总叶面积和叶面积增长速率是不够的，因为提高总叶面积和叶面积增长速率可以有两种途径：一是缩短放叶间隔期，在单位时间内发出较多的叶片；二是加长放叶间隔期，增加每一片叶的生长速率和面积。显然后一种途径对于积累干物质是比较有利的，因为幼龄叶在没有完全展开之前，CO_2吸收速率是负值，需要消耗其他叶片的光合产物。据此，尹伟伦 (1982)[44]认为放叶间隔期长，在整个生长季节中形成的叶片数量少，对杨树来说是一个值得进一步研究的优良性状。

同时，Isebrands 和 Nelson (1982)[48]发现不同无性系叶片从发生到成熟所需的时间变动为 10～22 天。在田间条件下，不同基因型间的叶片生产率相似，每天平均生产 0.54 张叶片，但在人工控制条件下叶片生产率存在显著的差异，叶片的生长速率对选育高产量的杨树杂种是一有效的指标。Ridge (1986)[41]研究表明，杂种无性系通过早期和中期的快速扩张而获得大的叶片，而不一定需要长的生长时期。生长快、产量高的无性系并不一定具有高的叶片生产率，但具有高的叶片生长率 (Ceulemans et al., 1988)[31]。

速生工业用材林要求单位土地面积生产出最多的木材，单位土地面积就需要更多的叶面积来覆盖，因此，单位土地上的叶面积即叶面积指数就是衡量高产无性系林分产量的一个重要指标。

1.2.1.4 生长季节

延长光合时间，最大限度的利用生长季节，即延长生长期是速生无性系的重要特征之一。较长生长期是选择速生育种的一个重要指标。大量的田间试验结果表明，杨树不同无性系发芽与芽休眠时间存在显著差异，而各无性系发芽与芽休眠时间与该无性系原产地无霜期紧密相关。

不同无性系芽休眠日期的差异是由它们的遗传组成差异造成的（Weber et al，1986[49]；Howe et al.，2000[50]），物候期的差异以及由其引起的生长差异可以用生长在华盛顿州实验林场的 5 个杨树无性系连续 3 年物候期观测试验来说明。试验发现，原产与美国南部的美洲黑杨发芽最晚，落叶最早；相反原产于俄勒冈州的毛果杨发芽最早，落叶最晚，生长季节最长。同时试验发现，侧枝芽休眠后 1～3 周顶芽才开始休眠。顶芽休眠只是高生长停止，但是杨树光合作用及光合产物向树干基部及根部运输照样进行。

选育速生品种可以通过延长生长期，即或是早发芽尽快形成叶片，或是推迟生长休眠期的到来。但是，北方地区植物早发芽或是推迟休眠增加了早、晚霜破坏的危险，所以树木育种要想获得遗传增益，要求在获得木材产量增加时还要考虑树体的适应性（Wang T. L. & Tigerstedt M. T[51]）。

1.2.2 光合产物的分配

杨树的主要被利用部分是树干，所以在增加光能转化效率的同时，增加光合产物分配到树干中的比例是选育速生无性系的一个重要指标；同时保持适当的植物体碳平衡，对于植物生长和生存也是必须的，所以了解植物碳同化产物分配具有重要意义（Dickson，1989[52]）。但是目前对于林分或是树木碳同化产物分配机制研究得还很少，幸运的是有关杨树碳同化产物分配方式和过程的研究比其他树木多得多。杨树树体高大，试验操作困难，所有这方面的研究结果主要是在苗期和盆栽实验中得到的。

1.2.2.1 同位素示踪法

有关杨树光合产物分配的研究主要是通过同位素示踪法试验来完成。杨树光合产物的分配随着树龄的增大，特别是当年生枝条和早发条的增加，增加了树冠形态的多样性。以下是两年生杨树各部分叶片光合产物的分配情况介绍。

当年生顶端枝条上成熟叶片光合能力在整个生长季节保持最高，在生长季节光合产物主要向正在展开着的叶片、树干、当年生顶端枝条分配，对高生长贡献大；秋季封顶后，主要光合产物分配到根部和主干部分，有超过50%的光合产物分配到根部（Dickson，1989[52]）。

树冠中下部叶片光合效率比顶端枝条上成熟叶片低得多，因为当年生枝条输出的光合产物比早发枝条所产生的光合产物多得多，叶面积在各种枝条上的季节性分布变化对于整株杨树光合产物分配有重要影响（Dickson，1989[52]）。

侧枝上成熟叶片，不论是在树冠什么位置，其光合产物分配都差不多。在生长季节，对侧枝上成熟叶片饲喂^{14}C，发现^{14}C运输到正在展开的叶片，叶片所着生的侧枝以及侧枝以下主干部分；芽休眠后，更多的^{14}C运输到主干和根部。侧枝之间几乎没有光合产物的运输。随着侧枝在树冠中部位往下，其^{14}C含量逐渐增大，同时树干^{14}C减少，所以顶端当年生枝条和树冠上部的侧枝是树干和根部生长所需物质来源（Isebrands and Nelson，1983[53]）。

杨树侧枝是树干和根部生长所需物质主要来源，却很少有侧枝光合产物运输到顶端当年生枝条，这一发现说明侧枝对于高生长并没有直接作用，并且侧枝之间也没有光合产物的交换，所以侧枝生长相互独立，主要是为自身生长提供物质。然而树干和根部生长主要依靠无数侧枝共同提供光合产物（Isebrands and Nelson，1983[53]）。

当年生枝条上叶片光合产物分配非常特别，无性系之间差别很大。根冠比大的无性系，则当年生枝条光合产物对根生长贡献大，当年生枝条在生长季节对主干和根部贡献逐渐增大，以后生长过程中，有当年生枝条的无性系比没有的无性系生长要快，同样当年生枝条之间没有光合产物交换（Isebrands and Nelson，1983[53]）。

当年生枝条的有无和多少可以作为杨树速生育种的一个选择依据，同时也是早期选择速生品种的一个重要指标。

1.2.2.2　碳水化合物储藏影响杨树生长

糖和淀粉等非结构性碳水化合物（total non - structural carbohydrate，缩写为TNC）使得树木在没有光合作用的情况下仍然可以生根、发芽以及完成其他物候过程。储藏的碳水化合物对于多年生植物萌蘖或是天然更新具有重要意义（Pate et al.，1990[54]；Bowen and Pate，1993[55]；Iwasa and Kubo，1997[56]；Sakai et al.，1997[57]；Landhausser and Lieffers，1997[58]；Landhausser，2001[59]；Simon and Victor，2003[60]）。虽然储藏的碳水化合物对于植物萌蘖或是天然更新具有无可置疑的重要性，但是有关储藏的碳水化合物与植物下一个季节的生长量的关系，仍没有定论。Tew（1970）[61]发现储藏的碳水化合物与美洲黑杨新萌蘖的萌条数目没有必然关系；Wenger（1953）[62]和Vogt and Cox（1973）[63]也分别在枫香和橡树上得到相同结论。但是Schier and Zasada（1973）[64]发现，美洲黑杨新萌条干物质量与萌条数目和TNC成二元线性回归；苏梦云等（1997）[65]在火炬松和湿地松上发现，火炬松和湿地松幼苗的生长在速生优良类型与慢生型对照间还未表现出明显差异时，在可溶性总糖特别是蔗糖含量上已表现出差异。说明生化差异出现在表型性状差异之前。如果把蔗糖含量与其运输和利用速率结合起来，有可能成为火炬松和湿地松生长早期预测的生化指标。

在生长季节，美洲黑杨体内产生大量的同化产物，它们就会以碳水化合物、脂肪或是其他化合物的形式储存起来。储存物可以用来维持呼吸作用或是为植物生长提供能量。杨树等落叶树种主要是碳水化合物的形式来储存的。杨树体内淀粉含量通常有两个高峰，一个是在秋天，在夏末和秋初季节植物固定二氧化碳能力强，但是植物生长需要量减少。秋末和冬季淀粉会水解为可溶性糖增强植物抗寒性；另一个是在春天，春天放叶前，随着气温的升高，杨树体内可溶性糖又逐渐转变为淀粉，放叶时植物需要大量的能量，大量的淀粉又被消耗掉了（Dickson，1991）[66]。

杨树是我国北方地区栽培最广泛的树种，主要依靠插穗无性繁殖，但是目前有关插穗扦插繁殖过程中碳水化合物含量的季节性变化以及储藏物质对于无性系物候及生长量影响的研究还没有报道。

1.2.2.3 应用SPAD值预测杨树叶片叶绿素、氮含量和生长量

叶片氮含量既是一定土壤水分、氮素条件下植物生长的一种结果，又对植物的光合作用速率产生影响，进而影响植物产量，是植物体内最为活跃的因素之一。国内外已有试验表明叶绿素含量与叶片含氮量有很强的相

关性（Peng et al.，1996[67]，Wonsuk et al.，1999[68]；Chang and Daniel，2003[69]；唐延林等，2003[70]；Robison Van and Perkins，2004[71]），因此，可以通过叶片叶绿素测定值间接地掌握作物叶片氮素状况。叶绿素测定的传统方法是用浸提——分光光度计比色法，此法复杂、费时，取样时对植株有损伤，应用上受到一定的限制。

由日本农林水产省农产园艺局的“土壤、作物分析仪器开发（Soil Plant Analyzer Development）开发的手持便携式叶绿素计 SPAD－502（Minolta Co.，Japan）提供了一个极好的机会以快速、非破坏性地估计叶绿素的水平。SPAD 叶绿素计的初衷是用来测定叶片的叶色。植物叶绿素对光线吸收的高峰是在红光区和蓝光区，而在红外光区吸收极少。SPAD 叶绿素计是利用透射方法即两个发光二极管向叶片的某一部位发射红光和红外光，利用两个波长下的光密度差别测量叶绿素相对含量：光线透过叶片被接收器接收后转换成电信号，再经放大和微处理器转换成 SPAD 值在液晶屏幕上显示出来。SPAD 值是一个相对叶绿素含量读数（读数范围 0～99.9），也称绿色度。通过数值的大小来定量描述叶片的绿色度。测量时简单地把测量计夹在叶片组织上，在 2s 内就可以得到 SPAD 值。所测得的 SPAD 值（绿色度）与叶子的叶绿素含量是成正相关的，在野外测定中它对叶绿素的水平提供了可靠的估计。叶绿素计携带方便、测量简单而迅速加上叶绿素计的测量是原位的、是在叶片不受扰动的情况下测量，不破坏植物叶片，因此可进行连续的追踪测量，为继续开展相关研究创造了条件，使得这种便携式、非破坏性叶绿素计在某些情况下，尤其是野外实验中有着不可替代的优越性，是值得推广的速测方法。叶绿素计 SPAD－502 近年来在我国也有应用，但主要是在作物上使用较多，尤其是水稻上应用最多。叶绿素计读数 SPAD 值能预测水稻、棉花、小麦、草莓及许多园艺作物叶片单位面积的叶绿素含量，可以用 SPAD 值估计叶片单位重量含氮量，尤其是单位面积含氮量。在我国有关叶绿素计 SPAD－502 在林业上的应用仅有姜丽芬等[72]在落叶松人工林下 4 个主要阔叶树种绿色度（SPAD 值）的报道。

1.2.2.4 根冠比

Ledig（1974）[73]认为光合产物较多地用于新叶的生长比单位面积的

光合作用对生长的影响更为重要。Larson 和 Dickman (1976)[74]提出以低的根茎比作为木材产量的标准之一。光合产物的分配比例可以通过管理和基因型的选择得到改良(Cannel, 1989)[75]。

在良好的水分和营养条件下，幼苗把干物质较多地用于叶片的生长将导致生物量的提高。收获指数高的无性系的光合产物主要用于叶片和茎的生长，而收获指数低的无性系则把相当数量的光合产物输送到根中(Isebrands and Nelson, 1983[53]; Michael et al., 1988[76])。Tschapinski 等(1989)[77]对两组杂种杨的研究发现，生长快速的杂种无性系的叶面积最高，但其分配到根的干物质比例却较高，认为旺盛的幼年生长依靠早期根系的旺盛生长，并提出以叶面积和根干比作为早期选择的标准之一。

在各种环境条件下，植物可以通过来自根茎的信息反馈调节光合产物在不同器官的分配，有关根茎信息反馈的假说有很多，包括功能平衡、代谢控制、激素信号转导等(Friend 等，1994[78])，目前还没有专门针对杨树根茎信息反馈的假说。

1.2.3 理想株型研究进展

1968 年，澳大利亚农学家 Donald[79]提出了植物理想株型的概念，用以表示“使产量最大化，而且产品品质优良的作物栽培品种的理想植株模型”。换言之，一个理想株型具备在特定的栽培系统中能够获得最多的最终产物的各种理想的植物特性。目前，这一理论已经成为选择育种和分子育种的目标和导向。Donald 的理想株型概念被广泛应用于农作物的遗传改良，并起到了很好的效果。它也被应用到树木育种(Martin et al., 2001[80]; Dickmann and Keathley, 1996[81])，包括杨树育种以指导木本植物的遗传改良。

表 1-1 列出了一个适用于高密度、无灌溉、集约化培育木质纤维和能源林的杨树理想株型。该株型由物候、生理过程、冠层形态、根系形态和生态学特征 4 个方面的若干性状组成，这些性状已被普遍认为对提高杨树的生物产量和木材产量是有利的。可见影响杨树生长除了直接的光合作用和叶面积外，还有其他很多因素(如表中的物候、形态和生态因子)，从而使生长与任何的单个或少数几个指标(如研究最多的净光合速率、单叶面积和单株叶面积)关系都显得不严密和牢固，可能会出现正相关、负相关甚至不相关的多种情况。

对于杨树理想株型的研究要注意三点：第一，它不是一成不变的，当对与杨树产量相关的形态、生理和生态等方面研究有最新的发现和成果时，理想株型就应该做相应的修改补充以使其更完善。第二，高产的杨树无性系是不可能同时具备该理想株型中所有特征的，速生可以通过一系列不同的途径和方法得以实现。第三，该理想株型不是一个具体杨树育种目标，由于各种条件的限制，一个树木育种项目通常不会同时考查超过5～6个理想株型的性状。实际上，理想株型的一些性状间是呈负相关的，因此，在选育工作中，需要对这些特征的兼容性有充分的认识，尤其当某个或某些指标的选育强度达到或接近他们变异性的极点时。尽管有一些限制，但是理想株型的方法在育种中依然具有重要作用，因为对于育种学家来说，在脑海中，应该始终有一个全面的、模型化的、完美的终极目标，即理想株型。对于不同的立地条件、培育目标、经营技术和集约化程度，应该有相应的理想株型来指导专门的杨树育种工作。

表1-1　高密度、无灌溉、集约经营系统下杨树速生丰产林的理想株型
(Dickmann and Keathley)

Table 1-1　An ideotype for poplar trees grown for wood fiber or energy in high－density, unirrigated, intensive cultural system（Modified from Dickmann and Keathley）

特　　征	理想株型
物候期特征	在确保不发生春季晚霜的前提下，尽早发芽 不定芽和新梢刚好在早霜之前休眠（封顶） 尽可能长的载叶期，叶片可以保持绿色到深秋 生长季节后期形成层仍然活跃
生理特征	叶片厚，单位叶面积具有高光合速率，净光合速率和暗呼吸速率比率高 水分利用效率高 中等水分胁迫条件下气孔关闭 叶、形成层和细根可以很好的适应逐步干旱 叶落之前，氮和其他可移动养分能高效地转移到茎和根 高养分利用效率（树干生物量与树干养分的比值）
树冠形态特征	枝丫朝上，与树干夹角小，形成长而窄的树冠 大量的当年生枝条 枝上叶片密度大

（续）

特　征	理想株型
树冠形态特征	树冠上部叶片大，直立向上；树冠下部叶片小，水平展开 树冠上部长短枝条比例高 快速自然整枝 雄性柔荑花序少或是败育
根部形态特征	硬枝插穗可以产生大量不定根 有长主根和下沉根可以很好地利用土壤养分 土壤表层附近有大量的侧枝和根 没有大量施肥的情况下仍然有大量内生或是外生菌根 休眠季节淀粉、糖和氮类贮存物质含量高
生态特性	竞争性强，所有植株表现活力旺盛 抗风、雪和冰的破坏 抗低温 抗除草剂 抗病害和虫害 不合哺乳动物口味

1.2.4 存在主要问题

综上所述，欧美等国对杨树的速生机理已经有大量系统研究。鉴于美国科学家研究对象主要是北美地区重要造林树种毛果杨；而欧洲目前杨树产量遗传生理研究主要是为能源林服务，选择目标主要是萌蘖能力强，生物量高的无性系。

而国内目前杨树生理研究主要集中在外界条件对杨树生长的影响，即如何改善栽培方式去提高产量，而对有关杨树速生特性的遗传机制的研究较少，即由于个体基因型差异而造成光合能力、光合产物分配的差异以及杨树理想株型应该具有什么样的特性。目前在国内对生产上主要杨树品种产量相关性状的遗传变异研究只有尹伟伦（1982）[12,44]和李静怡(1997)[82]。

尹伟伦（1982）[12,44]比较了当时生产上具有重要意义的10个生长速度不同的杨树无性系，包括不同的无性系、变种和种，其中生长较快的无性系有北京杨0081（*Populus nigra* var. *italica* Muenchh × *cathayana* Rehd－0018）、引河1#（沙兰杨 *P.* × *euramericana* Sacran ‘79’）、加杨（*P.* × *euramericana* Moench）、I－214（*P. euramericana*‘I－214’）、波兰15#（P15#，*P. euramericana* ‘Polska－15’），生长较慢的无性系有小叶杨（*P. simoniicarr*）、美杨（*P. nigra*）苗期有关生长和光合性能的多项指标，探讨生物量与光合特性及相关形态特性的相关性，为筛选速生杨树无性系提出了一些列形态和光合特性指标。李静怡（1997）[82]比较了三倍体毛白杨和普通二倍体毛白杨在形态、物候和光合性状遗传变异。

1.3　研究目标和主要研究内容

1.3.1　研究目标

随着我国杨树品种的更新换代和生理研究手段的不断改善，利用新仪器、新方法对占我国杨树人工林总面积70%的黑杨派树种，特别是欧美杨的速生机理研究，对于我国杨树人工林的丰产栽培和新品种培育都具有重要意义。

本研究总体目标是：以目前在华北中原地区林业生产中大量推广的生长迅速的欧美杨107杨、108杨、111杨等几个生长快的优良无性系为参试材料，以生长较慢的Be杨和113杨为对比，在同一盆栽实验条件下，利用叶面积仪、光合仪、叶绿素仪、光学显微镜和透射电镜等仪器，开展物候学、生物学、形态学、解剖学、光合作用和生化特性的比较研究。最终期望取得如下目标：识别与生物量相关的性状，揭示速生品种速生机理，丰富杨树理想株型概念，为杨树高产育种与栽培提供依据。

1.3.2　主要研究内容

本论文研究立足于面向生产，系统地对我国杨树生产中主栽品种的速生水平进行评价，进而通过生长速率不同无性系物候期、光合生理、根茎内非结构性碳水化合物以及叶片形态、显微和解剖超微结构等产量相关性状的遗传变异，从而确立这些性状与产量性状的相关性，阐明速生品种所具有的与产量相关的优良遗传特性和速生机理，进而为今后新品种培育提供导向，现将本论文预期解决的几个问题分述如下：

（1）9个黑杨派无性系大树生长潜力是经过多年的栽培试验所证实的，同样盆栽条件下，9个无性系苗期生长水平是否如大树一样表现出明显的生长量差别，按生长量大小进行多重比较，对9个无性系苗期生长量进行评价。

（2）9个无性系物候期差异是否明显，生长量差异是由于生长期开始早，生长期结束晚即生长季长或是在速生期的高效率生长而造成的。

（3）比较不同无性系在不同部位叶长、叶宽、叶面积、叶鲜重、叶干重、比叶面积、叶柄长、叶柄直径等形态性状的差异，确立这些性状与生物量的相关性。

（4）比较叶片数量、展叶速率、节间长等叶片生长发育性状的差异进而确立这些性状与生物量的相关性。

（5）比较不同无性系光响应曲线、CO_2响应曲线、气体交换特性的日变化和季节性变化以及不同叶位的气体交换特性，确定生物量与气体交换特性的相关性。

（6）利用光学显微镜和透射电镜，运用比较解剖学方法，对其叶片表面表皮细胞大小、单位叶片表皮细胞数目、气孔频度、气孔长度、栅栏组织和海绵组织厚度以及叶肉细胞中叶绿体数目和大小进行全面分析，旨在明确杨树光合生理特性与解剖结构的关系，为进一步开展杨树高产种和栽培技术提供依据。

（7）确定插穗内非结构性碳水化合物对于杨树萌蘖再生特别是扦插苗初期的生长量关系；分析茎干内非结构性贮藏碳水化合物季节性变化。

（8）确定SPAD值是否可以预测杨树叶片叶绿素、氮含量以及三者和生长量之间的相关性。

1.4 研究技术路线

见框图。

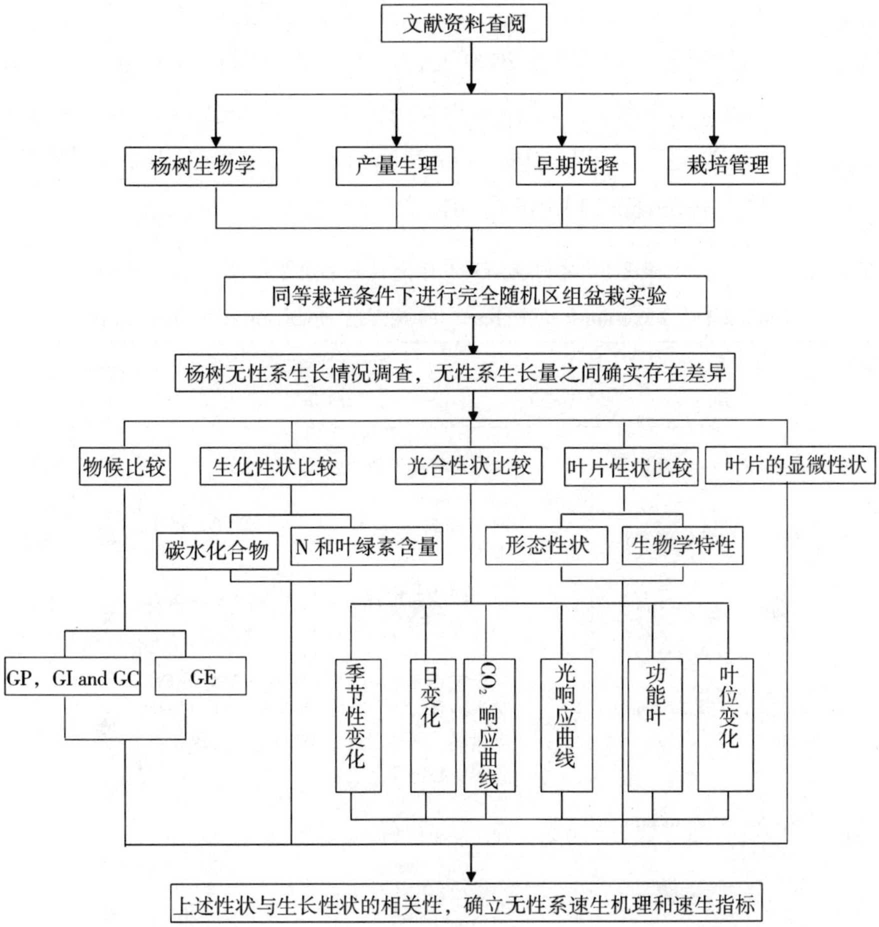

2　研究材料与方法

2.1　试验材料

2.1.1　试验材料的选择

由中国林业科学研究院（以下简称中国林科院）引进选育的欧美杨107杨（*Populus* × *euramericana* ‘Neva’）和欧美杨108杨（*Populus* × *euramericana* ‘Guariento’）是我国华北中原地区目前最好的杨树品种之一，在河北、河南、山东、山西、辽宁等地得到了大面积推广，仅在河北省就推广258万亩，河南省推广736.8万亩（中国绿色时报）。截至2006年底，这两个无性系的推广面积超过2000万亩。本试验所用材料依照国家“八五”和“九五”计划中国林科院承担攻关课题华北中原地区无性系对比林测定结果可分为速生（107、108、111和Por）、中等（36号杨、55号杨和725杨）和慢生（Be杨和113杨）三类。

表2-1 本试验所用9个无性系的主要特性

Table 2-1 Taxonomy and characteristics of clones used in this study

无性系 Clone	拉丁名 Latin name	分类 Taxon	起源 Origin	性别 Gender	类型 Type
36	*Populusdeltoids* ‘2KEN8’	D	美国肯塔基州美洲黑杨天然种子	雄	Middle
55	*Populus deltoids* ‘55/65’	D	南斯拉夫 Ivan Herks 博士选育，起源不详	雌	Middle
725	*Populus deltoids* ‘725’	D	由南斯拉夫选育，应属于美洲黑杨南方型种源	雌	Middle
107	*Populus* × *euramericana* ‘Neva’	D×N	母本是来自美国伊利诺斯州美洲黑杨，父本编号：55－071，来自意大利中部欧洲黑杨。母本编号：165－014，意大利农林中心选育	雌	Fast
113	*Populus* × *euramericana* ‘DN113’	D×N	起源于加拿大的曼尼托巴省	雌	Slow
108	*Populus* × *euramericana* ‘Guariento’	D×N	欧美杨天然杂种，罗马农林中心选育	雌	Fast
Be	*Populu* × *euramericana* ‘Bellini’	D×N	罗马农林中心在1968年选育出的天然欧美杨杂种无性系。母本是 *P. deltoids* Chautagne	雄	Slow
111	*Populu* × *euramericana* ‘Bellotto’	D×N	母本是美国 Stonerille 地方的美洲黑杨（编号为‘217/958’），父本是自由授粉所获半同胞家系的欧美杨无性系	雌	Fast
Por	*Populus* × *euramericana* ‘Portugal’	D×N	不详	雌	Fast

2.1.2 试验材料的培养

试验材料来源于中国林科院苗圃场，2005年4月2日将9个黑杨派杨树无性系的一年生苗截取为15cm长的插穗（为保证粗细和质量尽可能一致，每株苗木只取中间部分截取3段插穗)，浸泡24h后，4月3日将长约15cm的无性系插穗扦插于塑料盆中（规格为盆高340mm，外径260mm），内装基质8.2kg，基质组成为苗圃熟土∶草炭土4∶1。每盆插一株，苗木在充足供水条件下培养，试验采用完全随机区组设计，10株小区，4次重复。

2.1.3 苗木生长环境条件

中国林科院苗圃场地处北京市海淀区颐和园后玉泉山脚下，气候属温带湿润季风气候区，冬季寒冷干燥，盛行西北风，夏季高温多雨，盛行东南风，年平均气温11.6℃，夏季极端最高气温41.3℃，年均降雨量588mm。

2.2 研究方法

2.2.1 物候期研究

从各区组中分别抽取3株生长发育正常的苗木为标准株，定株观测各无性系的芽膨大期、展叶始期、叶充分展开期、封顶期、叶黄初期、叶黄盛期、落叶开始期和落叶盛期。

2.2.2 生长指标测定

在苗木生长期，每隔两周进行一次标准株苗高（height，缩写 *H*）、地径（basal diameter，缩写 *BD*），为了保证测量精度，地径测量处用笔标上记号，用游标卡尺测量，精确到0.01cm；苗高用钢卷尺测量，精确到0.1cm，通过估算茎容量指数（volume index）来评价生产力，茎容量指数按下式计算（Ceulemans，1999）[83]：

$$\text{茎容量指数} = H \times (BD)^2 \tag{2.1}$$

生长季节末期，在苗高、地径的基础上，每区组各无性系接近平均值的一株，拔出，洗净，区分叶、干、茎、根，放入烘箱中105℃杀青，70℃烘至恒重，用天平称干重。

2.2.3 生理、生态过程测定

2.2.3.1 光合、蒸腾和水分利用效率测定

不同叶位的光合、蒸腾速率：使用便携式光合测定系统（Li－6400，Li－COR，Inc. USA）于2005年7月选2个晴天，每日8～11时测定当年生扦插苗不同部位叶片的光合、蒸腾速率。方法为每区组每无性系随机选择生长中等的植株，从第一片开始，每隔4个叶片测定一个叶子的净光合

速率（Net Photosynthetic Rate，测量单位 μmol CO_2/m^2s，缩写 *Pn*），细胞间隙 CO_2 浓度（Intercellular CO_2 Concentration，测量单位 μmol CO_2/mol，缩写为 *Ci*），蒸腾速率（Transpiration Rate，测量单位 mol H_2O/m^2s，缩写 *Tr*），气孔导度（Stomatal conductance，测量单位 mol H_2O/m^2s，缩写 *SC*）以及相应的周围环境条件的一些参数，如大气温度（*Ta*）、叶面温度（*Tl*）、叶面水分亏缺（*Vpdl*）、相对湿度（*RH*）和光合有效辐射（*PAR*）等。仪器参数设定为：流速为 500cm^3/s，气孔比率为 0，Block 温度 30℃，有效光辐射（*PAR*）700μmol/m^2s，参比 CO_2 浓度为 400μmol/L（用随机附件 CO_2 注入系统提供 CO_2 浓度稳定的气源）。

光合、蒸腾速率日进程：分别于 2005 年 6 月 25 日、7 月 25 日、8 月 18 日和 9 月 5 日利用 Li－COR6400 测定当年生盆栽苗功能叶片（第 8～12，充分展开的叶片）的光合、蒸腾速率。方法为：每区组每个无性系随机选择 3 株，每株依据不同叶位光合蒸腾测定的结果，在光合速率最强区域选择向南的 3 个叶片，做上标记，从 7：30 开始，每隔 1h 定叶定位测量一次，仪器参数设定为：流速为 500cm^3/s，气孔比率为 0，参比 CO_2 浓度为 400μmol/L，干燥管全旁路（By pass），温度、湿度和光照不控制。

由整个生长季不同日期测定的光合作用日变化的平均值分析光合作用的生长变化特点。光合能力由光合速率日变化的最大值表示。

水分利用效率测定：水分利用效率（*WUE*）用净光合速率与蒸腾速率的比值来表示，即：

$$WUE = \frac{Pn}{Tr} \tag{2.2}$$

2.2.3.2 光响应曲线

PAR 值依次为：1800、1600、1400、1200、800、600、400、200、100、80、60、40、20、0μmol/m^2 · s，小钢瓶控制流经仪器的 CO_2 浓度在 380μmol/L 左右，环境温度和大气湿度没有特别控制。用非直角双曲线对测定值进行拟合，根据高光强下拟合曲线上升的趋势估计光饱和点，根据低光强下拟合曲线与 *X* 轴的截距确定光补偿点。

非直角双曲线公式为：

$$Pn = \frac{ax + b - \sqrt{(ax + b)^2 - 4\theta(axb)}}{2\theta} - c \quad (2.3)$$

式中，Pn 为净光合，x 为光强，c 为暗呼吸，b 为曲线形状参数，a 为直线部分斜率，θ 为曲线形状参数，参考巨关升等2005[84]。

2.2.3.3　CO_2响应曲线

用小钢瓶控制 CO_2 浓度从低向高变化，依次为：20、50、100、200、300、400、500、600、700、800、900μg/g。*PAR* 控制在 800μmol/m^{2}s，环境温度和大气湿度没有特别控制。用非直角双曲线拟合，公式同上，Pn 为净光合，x 代表 CO_2浓度，a 、b 、c 、θ 为参数。

2.2.4　叶片形态参数的测定

在生长季节调查了 9 个无性系的形态性状。每个无性系分别在四个区组内各随机抽取 1 株，按上、下两个部位采样，每个部位采 10 片叶片，所调查的性状包括：

2.2.4.1　7 个叶片形态性状

叶鲜重（g）：单个叶片的重量，采样后立即进行测定，测定采用电子天平。

叶干重（g）：单位叶片的干重，叶片放入烘箱中 105℃杀青，70℃烘至恒重，用万分之一电子感应天平称重。

叶片长（cm）：沿叶片中脉所测定的叶片长度，便携式叶面积仪（LI3000C Li－COR，Inc. USA）测定。

叶片宽（cm）：叶片最宽之处的宽度，LI3000C 便携式叶面积仪测定。

单叶面积（cm^2）：单张叶片的面积，LI3000C 便携式叶面积仪测定，（leaf area，测量单位为 cm^2，缩写为 *LA*）。

叶柄长（cm）：用直尺测量叶柄长。

叶柄直径（mm）：用游标卡尺测量叶柄中部两个方向的直径，计算平均值。

2.2.4.2　2 个间接计算性状

叶片含水量（leaf water content，测量单位为%，缩写为 *LWC*），计算公式为：

$$LWC\% = 100 \times \frac{LFW - LDW}{LFW} \quad (2.4)$$

叶比重（cm^2/g）：单叶面积与叶鲜重之比，计算公式为：

$$SLA = LA/（LFW） \tag{2.5}$$

全株总叶面积的测定：从6月3起，每个无性系分别在4个区组内各随机抽取一株生长中等（接近平均值）苗木，利用便携式叶面积仪（LI3000C Li - COR, Inc. USA），测定所有叶片叶面积，计算单株总叶面积（*TLA*）。

2.2.5 叶片显微、解剖及超微性状测定

2.2.5.1 气孔数量、大小与保卫细胞大小

各无性系随机选一株，取功能叶（第9片叶），用无色指甲油涂在叶片的同一位置的正反两面，待稍干后，把指甲油层从叶片撕下，制成临时装片，在奥林巴斯 OlympusBH - 2 型显微镜下观测，目镜10倍，物镜45倍，视野直径 $D = 445\mu m$，视野面积 $0.16mm^2$，测量单位面积（mm^2）上的正反两面气孔数目，测量长轴作为衡量气孔和保卫细胞大小的指标，测量时每装片观测10个视野，取平均值。气孔长度（length of stomata，测量单位为 μm，本文缩写为 *LS*）、上表面气孔数（number of stomata adaxial，缩写为 *NSAD*）、下表面气孔数（number of stomata abaxial，测量单位个/mm^2，缩写为 *NSAB*），（赵凤君，2004[85]）。

2.2.5.2 叶片解剖

每区组各无性系随机选1株，取功能叶（第9片叶），采用石蜡切片法，叶片经擦洗干净后，用刀片在叶片基部主叶脉附近切取宽约0.3cm，长约1cm的叶段（避开叶脉），置于FAA固定液中固定，经酒精脱水，二甲苯透明，浸蜡后切片，经番红 - 固绿对染后封藏，制作永久切片。制片后在正置荧光显微镜BX51下测定，记录其叶肉栅栏组织厚度（thickness of palisade tissue，测量单位为 μm，简写为 *TP*）及栅栏组织厚度（Thickness of spongy mesophy II，测量单位为 μm，简写为 *TS*），观测10个视野，取平均值（王心钗，1985[86]）。

2.2.5.3 叶片超微结构

各无性系随机取1株取功能叶，在叶片中部主脉附近切下2mm宽的叶片，以4%戊二醛前固定和1%锇酸后固定，PBS清洗，梯度酒精脱水，环氧丙烷置换，Epon812渗透包埋，超薄切片，醋酸铀-柠檬酸铅对染投射电镜观察叶肉细胞超微结构并拍照（姬生栋等，2000[87]；赵旺兔等，2003[88]）。

2.2.6　叶片的生长发育及叶面积增长与高增长的相关性统计

生长旺盛季节，每无性系选3株标准木，每隔15天用便携式叶面积仪（LI3000C）测定叶片面积，研究叶片的伸展发育过程、叶面积扩展速率、新生叶片数、放叶间隔期等，计算全株总叶面积增长速率与高生长速率的相关性（参照尹伟伦，1982[44]）。

2.2.7　根冠比

根据生长季节末期生物量测定结果，用根干重除以地上部分干重之和（叶和茎之和），即为根冠比，无量纲。

2.2.8　生化指标测定

2.2.8.1　SPAD值及分光光度法测定叶绿素含量

8月中旬上午10时左右，每一无性系随机选取3株标准株，上下层各选一片叶片测定SPAD值，每片叶子至少采10个点的SPAD值（测定时避开叶脉），取其平均值。之后采集该叶片用保鲜袋装好，带回实验室做叶绿素含量和全氮含量的测定。

（1）取新鲜杨树叶片，擦净组织表面污物，剪碎（去掉中脉），混匀。

（2）称取剪碎的新鲜样品0.2g，放入盐钵中，加少量石英砂和碳酸钙粉及2～3mL95%乙醇，研成匀浆，再加入乙醇10mL，继续研磨至组织变白。静置3～5min。

（3）取滤纸一张，置漏斗中，用乙醇湿润，沿玻璃棒把提取液倒入漏斗中，过滤到25mL棕色容量瓶中，用少量乙醇冲洗研钵、研棒及残渣数次，最后连同残渣一起倒入漏斗中。

（4）用滴管吸取乙醇，将滤纸上的叶绿体色素全部洗入容量瓶中，直至滤纸和残渣中无绿色为止。最后用乙醇定容至25mL，摇匀。

（5）把叶绿体色素提取液倒入光径1cm的比色杯内。以95%乙醇为空白，在波长665nm、649nm和470nm下测定吸光度。

（6）实验结果计算与分析：

按公式

$$C_a = 13.95A665 - 6.88A649 \tag{2.6}$$

$$C_b = 24.96A649 - 7.32A665 \tag{2.7}$$

求得色素浓度后，再按下式计算组织中单位鲜重或干重的各色素的含量；

叶绿体色素的含量＝色素的浓度×提取液体积×稀释倍数/样品鲜重（mg/g）。

2.2.8.2 N含量测定

本实验通过凯氏定氮法对杨树叶片的全氮含量进行测试，作为叶片真实的氮含量，与叶子SPAD值进行比较，找出两者之间的关系，并建立数学关系模型，具体实验步骤如下：

（1）取一只消化管，称取杨树叶片或叶柄样品0.2g，置于消化管中，再秤取混合催化剂0.2g置于消化管中。用少量蒸馏水湿润（3～5mL），然后向消化管中慢慢加入5mL浓硫酸。

（2）混匀后进行消化，在消化管口加一漏斗。初始温度设定时，将电压指针置于75V处，30min后置于120V处。此过程需每隔30min晃动消化管1次，以便使管内溶液消化充分。消化持续约4～5h后，溶液呈澄清或淡蓝色，则消化完成，若超过6h仍为黄褐色，可在溶液冷却后添加H_2O_2（30%）mL，继续消煮，直至澄清。

（3）准备一个50mL容量瓶，将冷却后的澄清溶液全部移入容量瓶中，并用蒸馏水洗涤消化管2～3次，并全部移入容量瓶中，最后定容。

（4）用移液管从容量瓶中取10mL溶液，移入另一个消化管中，向其中加入30%浓度的NaOH 20mL，混匀。

（5）定氮：将消化管置于定氮仪上，吸取10mL 2%硼酸放入一锥形瓶中，再加混合指示剂4滴（0.2mL），混匀后置于定氮仪上，加蒸馏水40mL（由定氮仪自动完成），开始蒸馏。

（6）待锥形瓶中的吸收液达到150mL时，停止蒸馏，取下锥形瓶进行滴定。当溶液颜色由绿色变为浅紫色时，滴定完成，记下读数V。

（7）计算：

$$N\% = \frac{(V - V_0) \times 10 \times 0.02 \times 14}{W \times 1000} \times 100 \tag{2.8}$$

式中，V_0为空白消煮时滴定体积（取1.4mL）；V为样品滴定体积；W为样品质量，空白消煮为指在不加样品的条件下，其他操作和样品实验完全相同的消煮。

2.2.8.3 碳水化合物含量测定

（1）取材时间的确定：插穗和树干组织样品的采集时间有8个，分别是：

①放叶前（4月10日）；②放叶后（4月25日）；③开始快速生长（6月1日）；④生长最快季节（8月1日）；⑤封顶后（10月1日）；⑥生长基本结束（11月20日）；⑦冬季土壤封冻（12月20日）；春季土壤解冻（3月5）。

（2）材料的采集：在上述日期，每个无性系随机选择1植株，随机采样后混合并在烘箱中68℃烘干，粉碎过60目筛，混合制样备用，每个样品测定3次。

（3）碳水化合物分析：上述粉末状样品用80%的热酒精提取3次，用苯酚－硫酸法测定糖含量；剩余的淀粉由α淀粉酶/淀粉葡萄糖苷酶溶解水解24h，比色法测定葡萄糖水解物，参考Chow and Landhausser（2004）[89]具体方法见附录，作者在加拿大访问期间，对此方法进行了优化，减少了α淀粉酶/淀粉葡萄糖的消耗，并较传统方法提取效率高10%～15%。该方法国内文献未见报道，作者把提取步骤翻译整理见附录，希望能够把这一木本植物非结构性碳水化合物提取方法在国内推广。

2.2.9　统计分析方法

2.2.9.1　方差分析

根据马育华（1982）[90]的方法，对所测定的生长和形态性状、光合指标以及物候以小区平均值利用SPSS（version 13.0，SPSS Inc.，Chicago，Illinois，USA）进行ANOVA方差分析，研究这些性状和指标的变异规律。同时计算这些性状和指标的无性系重复力，计算公式为：无性系重复力

$$R = \frac{\partial^2 g}{\partial^2 g + \partial e^2/r} = 1 - 1/F \tag{2.9}$$

式中：$\partial^2 g$ 和 ∂e^2 分别表示遗传方差和环境方差，r 为区组数。

对品种之间的差异性多重比较采 t 检验的 *LSD*（least significant difference）（显著性水平 $P<0.05$）分析，计算公式为：

$$LSD = ta(fe)\sqrt{\frac{2MSe}{r}} \tag{2.10}$$

式中 fe 为误差项的自由度，MSe 为误差项均方。

2.2.9.2　主成分法划分物候期

根据对9个无性系8个物候期的观测结果，以各物候期距4月1日的天数对物候期进行数据转换后，再用SPSS（version 13.0，SPSS Inc.，Chicago, Illinois , USA）进行主成分分析，并用 Sigmaplot 10.0（SYSTAT Inc. , USA）作图。

2.2.9.3 相关和回归分析

利用 SPSS（version 13.0，SPSS Inc. , Chicago, Illinois , USA）对所测定的生长和形态性状、光合指标以及物候之间进行回归或相关性分析，并用 Sigmaplot 10.0（SYSTAT Inc. , USA）作图。

3 结果与分析

3.1 黑杨派无性系生长性状的遗传变异分析

3.1.1 不同时期的生长差异

为了解 9 个无性系在不同生长时期的生长差异，对各时期测定的苗高和地径值进行方差分析，并对生长末期生物量进行了方差分析，结果见表 3-1。从表 3-1 可看出 9 个无性系的苗高和地径在不同生长时期均存在极显著的差异。无性系苗高的 F 值在 7.461 ~ 17.62 之间，8 月之前无性系的苗高差异相对较小，F 值在 7.461 ~ 10.253 之间；9 月份以后的苗高差异最明显，F 值在 14.72 ~ 17.62 之间。无性系地径的 F 值最高为 17.456，最低为 7.412，其中在 7 月上旬之前无性系的地径差异最小，F 值在 7.412 ~ 10.261 之间。生长季节结束，生物量的 F 值是 25.699。

从这 3 个生长性状的重复力来看，苗高的无性系重复力最高值为 0.943，最低值为 0.847，平均为 0.901；地径的无性系重复力在 0.865 ~ 0.943 之间，平均为 0.915。说明苗高和地径两个性状受遗传因素影响大，对它们进行直接选择是可靠的。生长季节末期生物量的无性系重复力为 0.961，说明生物量重复力最高，选择效果最好，这也是我们选择育种的终极目标。

3.1.2 无性系间苗高和地径的比较

各无性系生长停止后的苗高平均值见表 3-2。从表 3-2 中可看出，从苗高平均值来看生长最快的无性系为 108 杨、Por 杨、111 杨和 107 杨，苗高分别达到了 301.4、294.5、294.3 和 291.9cm，多重比较结果表明这 4 个无性系苗高生长最快，相互之间无显著差异；725 杨、55 杨和 36 杨苗高生长次之，苗高分别达到了 283.2、281.4、275.6cm，相互之间没有显著差异；Be 杨和 113 杨苗高分别 254.8cm 和 248.5cm，生长最差，这与无性系对比林试验结果基本一致。

各无性系生长停止后的地径平均值见表 3-3。表中可以看出，从地径平均值来看生长最快的 4 个无性系为 108 杨、107 杨、Por 杨和 111 杨，分别达到了 3.45、3.41、3.40 和 3.38cm；55 杨、36 杨和 725 杨次之，地径分别达到了 3.23、3.21 和 3.19cm；Be 杨和 113 杨地径分别为 3.03cm 和 2.958cm，生长最差。

各无性系生长停止后的生物量平均值见表 3-4。从表中可以看出，从生物量来看，生长最快的 4 个无性系为 108 杨、107 杨、Por 杨和 111 杨，分别达到了 1061.83、1023.46、976.78 和 969.34g；55 杨、36 杨和 725 杨次之，生物量分别达到了 851.52、739.94 和 672.59g；Be 杨和 113 杨生物量分别 569.28g 和 492.59g，生长最差。生物量排序和地径排序基本一致，上述差异在图 3-1 可以直观看出。

表 3-1　黑杨派无性系苗高、地径和生物量方差分析

Table 3-1　The analyses of variance for stem height, basal diameter and biomass of 9 *Populus aigeiros* sections clones

性状 Traits	测定日期 Date	平方和 *SS*	均方 *MS* (subject)	机误均方 *MS* (error)	*F* 值 *F*	无性系重复力 *R*
苗高 Height	5.18	879.56	109.945	12.832	8.568**	0.883
	6.3	3562.84	445.355	56.431	7.892**	0.873
	6.18	3823.59	477.949	63.187	7.564**	0.868
	7.3	5675.71	709.464	108.780	6.522**	0.847
	7.18	8478.28	1059.785	142.043	7.461**	0.866
	8.3	6982.63	872.829	85.1291	10.253**	0.902
	8.18	9271.98	1158.998	93.619	12.381**	0.919
	9.3	8568.23	1071.029	64.754	16.542**	0.940
	9.18	10452.19	1306.524	88.758	14.719**	0.932
	10.3	9568.73	1196.091	67.883	17.620**	0.943
	10.18	10678.70	1334.838	76.594	17.427**	0.943
平均 Mean						0.901

（续）

性状 Traits	测定日期 Date	平方和 *SS*	均方 *MS*（subject）	机误均方 *MS*（error）	*F* 值 *F*	无性系重复力 *R*
地径 Basal Diameter	5. 18	0. 242	0. 03025	0. 004081	7. 412**	0. 865
	6. 3	0. 284	0. 03551	0. 004105	8. 649**	0. 884
	6. 18	0. 569	0. 07112	0. 009426	7. 546**	0. 867
	7. 3	0. 495	0. 06187	0. 006031	10. 261**	0. 903
	7. 18	0. 528	0. 06617	0. 005703	11. 572**	0. 914
	8. 3	0. 669	0. 08363	0. 006501	12. 864**	0. 922
	8. 18	0. 836	0. 10451	0. 006835	15. 289**	0. 935
	9. 3	0. 893	0. 11163	0. 006395	17. 456**	0. 943
	9. 18	1. 074	0. 13425	0. 009332	14. 389**	0. 931
	10. 3	0. 995	0. 12438	0. 008974	13. 864**	0. 928
	10. 18	0. 823	0. 10288	0. 007981	12. 893**	0. 922
	11. 3	1. 195	0. 14938	0. 009418	15. 867**	0. 937
	11. 18	0. 989	0. 12404	0. 007468	16. 604**	0. 940
平均 Mean						0. 915
生物量 Biomass	11. 18	2133. 524	266. 690	10. 377	25. 699**	0. 961

注：$F_{0.05(8,24)}=2.36$，$F_{0.01(8,24)}=3.36$　*：$\alpha=0.05$，**：$\alpha=0.01$　*ns* 表示差异不显著

表 3-2　各无性系苗高多重比较

Table 3-2　The multiple comparison of stem height between 9 *Populus aigeiros* sections clones

序号 No	无性系 Clone	平均苗高 Means of H	X_i-X_9	X_i-X_8	X_i-X_7	X_i-X_6	X_i-X_5	X_i-X_4	X_i-X_3	X_i-X_2
X_1	108	301. 4	*	*	*	*	*	*ns*	*ns*	*ns*
X_2	Por	294. 5	*	*	*	*	*ns*	*ns*	*ns*	
X_3	111	294. 3	*	*	*	*	*ns*	*ns*		
X_4	107	291. 9	*	*	*	*ns*	*ns*			
X_5	725	283. 2	*	*	*ns*	*ns*				
X_6	55	281. 4	*	*	*ns*					
X_7	36	275. 6	*	*						
X_8	Be	254. 8	*ns*							
X_9	113	248. 5								

注：*表示 0. 05 水平差异显著，*ns* 表示差异不显著。

表 3-3　各无性系地径多重比较

Table 3-3　The multiple comparison of basal diameter between 9 *Populus aigeiros* sections clones

序号 No	无性系 Clone	平均地径 Means of BD	X_i-X_9	X_i-X_8	X_i-X_7	X_i-X_6	X_i-X_5	X_i-X_4	X_i-X_3	X_i-X_2
X_1	108	3.450	*	*	*	*	*	*	*	*ns*
X_2	107	3.410	*	*	*	*	*	*ns*	*ns*	
X_3	Por	3.400	*	*	*	*	*	*ns*		
X_4	111	3.380	*	*	*	*	*			
X_5	55	3.230	*	*	*ns*	*ns*				
X_6	36	3.210	*	*	*ns*					
X_7	725	3.190	*	*						
X_8	Be	3.030	*							
X_9	113	2.958								

注：* 表示 0.05 水平差异显著，ns 表示差异不显著。

表 3-4　各无性系生物量的多重比较

Table 3-4　The multiple comparison of biomass between 9 *Populus aigeiros* sections clones

序号 No	无性系 Clone	生物量 Means of B	X_i-X_9	X_i-X_8	X_i-X_7	X_i-X_6	X_i-X_5	X_i-X_4	X_i-X_3	X_i-X_2
X_1	108	1061.83	*	*	*	*	*	*	*	*ns*
X_2	107	1023.46	*	*	*	*	*	*ns*	*ns*	
X_3	Por	976.78	*	*	*	*	*	*ns*		
X_4	111	969.34	*	*	*	*	*			
X_5	55	851.52	*	*	*ns*	*ns*				
X_6	36	739.94	*	*	*ns*					
X_7	725	672.59	*	*						
X_8	Be	569.28	*ns*							
X_9	113	492.59								

注：* 表示 0.05 水平差异显著，*ns* 表示差异不显著。

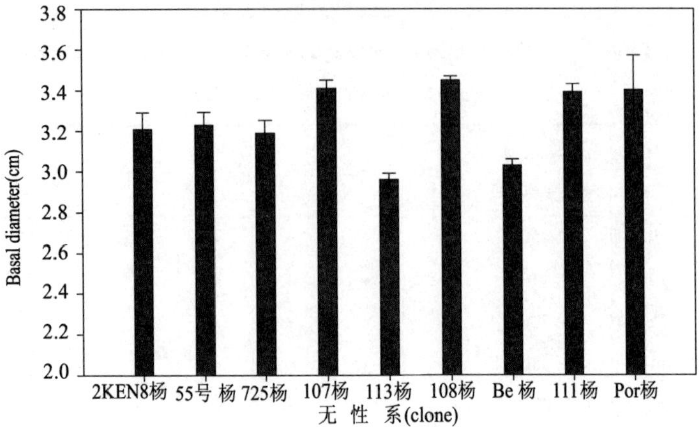
3.8
3.6
3.4
3.2
3.0
2.8
2.6
2.4
2.2
2.0
地 径
Basal diameter(cm)
2KEN8杨 55号 杨 725杨 107杨 113杨 108杨 Be 杨 111杨 Por杨
无 性 系(clone)

a

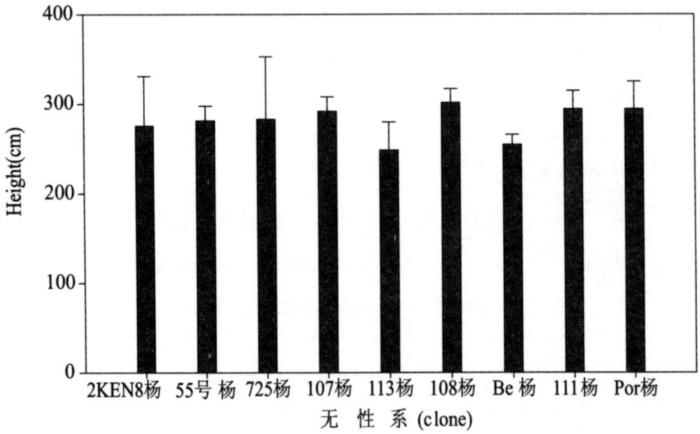
400
300
200
100
0
苗高
Height(cm)
2KEN8杨 55号 杨 725杨 107杨 113杨 108杨 Be 杨 111杨 Por杨
无 性 系 (clone)

b

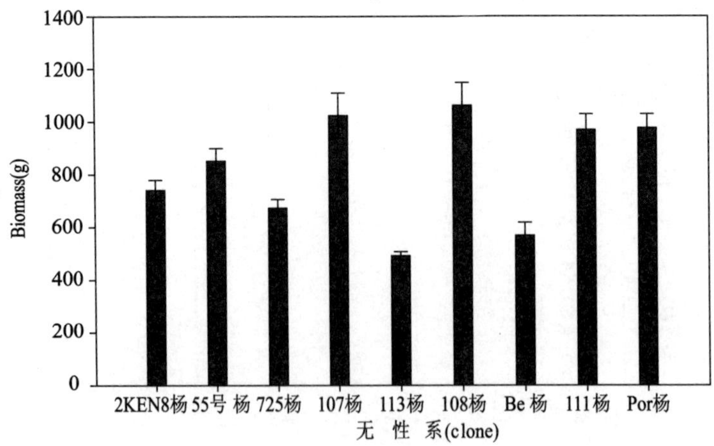
1400
1200
1000
800
600
400
200
0
生 物 量
Biomass(g)
2KEN8杨 55号 杨 725杨 107杨 113杨 108杨 Be 杨 111杨 Por杨
无 性 系(clone)

c

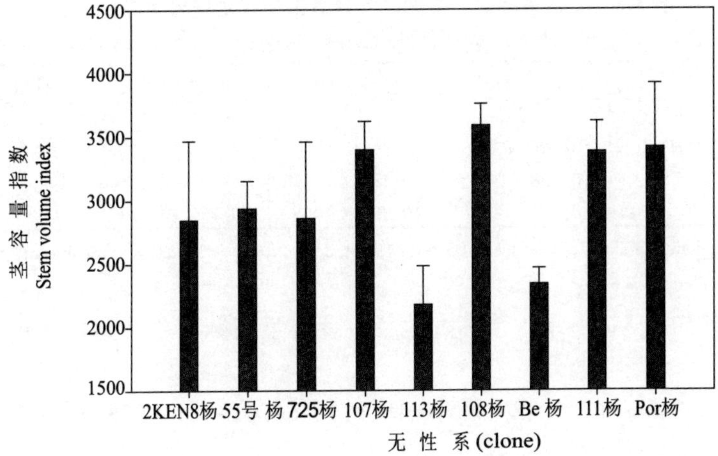

d

图 3-1　9 个无性系生长季节末期的高生长、地径、生物量和茎容量平均值。数值为 4 个重复的平均值，误差棒代表平均值的标准误差（*SE*）。
a. 地径平均值比较，b. 苗高平均值比较，
c. 生物量平均值比较，d. 茎容量指数平均值比较。

Figure 3-1　The means of height, basal diameter, biomass and stem volume index at the end of growing season. Vertical bars on the data points represents ±S. E. of means. The data is the mean of four replicates. a comparision of Means of basal diameter, b comparison of means of height, c comparison of means of biomass, d comparison of means of stem volume index.

3.1.3　各无性系地径、苗高、茎容量指数和生物量相关性分析

生物量是选育新品种的最终目的，但是由于测量费时费力而且是破坏性试验，如果利用苗高、地径、茎容量指数与生物量相关性，建立拟合度较高的回归方程，就可以根据苗高、地径、茎容量指数计算植物各个阶段的生物量。从表 3-5 可以看出，各生长性状的相关性，其中生物量与地径、茎容量指数和苗高的相关性都非常显著，而苗高和地径相关性也达到了显著水平。由此，分别做生物量与苗高、地径和生物量的回归方程。

表 3-5 无性系地径、苗高、茎容量指数和生物量相关性分析

Table 3-5 The correlation among diameter, height, biomass and volume index

	地径（*BD*）	苗高（*H*）	生物量（*B*）	茎容量（*VI*）
地径（*BD*）	1			
苗高（*H*）	0.367（*）	1		
生物量（*B*）	0.868（**）	0.432（**）	1	
茎容量（*VI*）	0.859（**）	0.787（**）	0.756（**）	1

* Correlation is significant at the 0.05 level (2 - tailed), ** Correlation is significant at the 0.01 level (2 - tailed), $N=36$。

结果如图 3-2 所示，苗高、地径、茎容量指数和生物量的线性回归方程如下：

$y=2.2488x+186.43$（$r^2=0.1862$，$p<0.01$），$y=978.64x-2365$（$r^2=0.5709$，$p<0.01$）

$y=0.1517x$（$r^2=0.7528$，$p<0.01$）

可以得出生物量与茎容量指数回归系数最高，根据此回归方程估算每个阶段生长量。因此，茎容量指数是非常合适的一个估算幼苗生物量的一个指标。

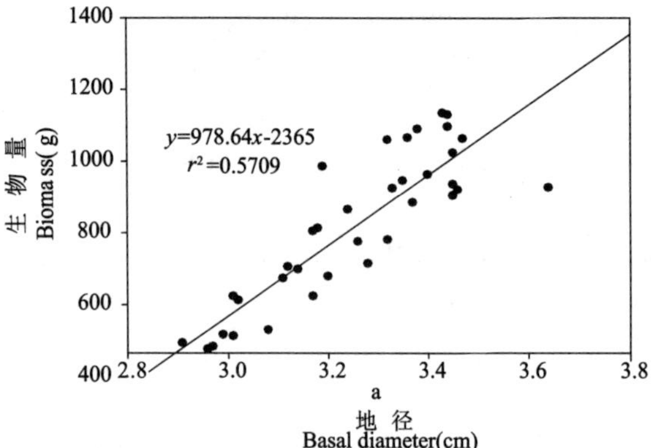

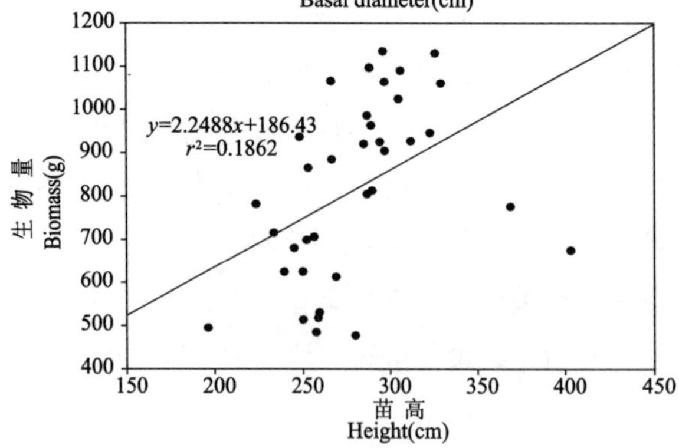

b

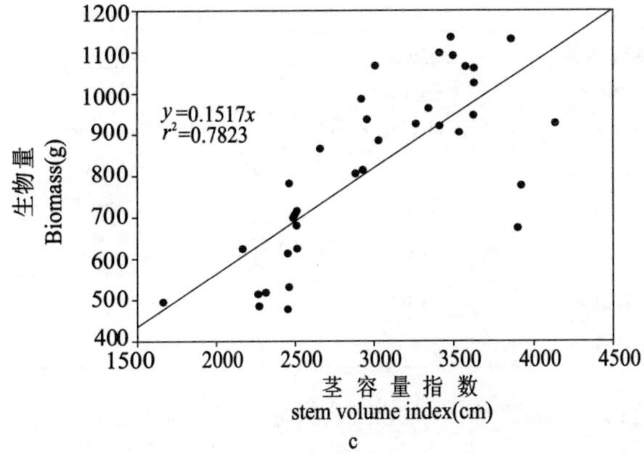

图 3-2 黑杨派无性系苗高、地径、茎容量指数与生物量的线性回归
a. 地径与生物量线性回归关系；b. 苗高与生物量线性回归关系；
c. 生物量与茎容量指数线性回归
Figure 3-2 Line Regression of stem height, basal diameter, stem volume index with biomass
a. linear regression between basal diameter and biomass
b. linear regression between height and biomass
c. linear regression between stem volume index and biomass

3.2 无性系的生长进程及物候期研究

插穗扦插后，每半个月左右测量苗高、地径一次，将每次测量间隔期作为植物一个生长阶段，依据观测到的苗高和地径计算各个阶段的苗高和地径生长量，并依据图 3-2 中茎容量指数与生物量的回归方程估算各个阶段的产量。具体的测量日期和每个阶段划分见表 3-6。

表 3-6 不同观测阶段的定义

Table 3-6 Definition of development periods

阶段 Period	观测日期 Date of observation	间隔期 Length of period (Days)	阶段 Period	观测日期 Date of observation	间隔期 Length of period (Days)
0	4. 3		9	8. 18	15
1	4. 18	15	10	9. 3	16
2	5. 3	15	11	9. 18	15
3	5. 18	15	12	10. 3	15

（续）

阶段 Period	观测日期 Date of observation	间隔期 Length of period (Days)	阶段 Period	观测日期 Date of observation	间隔期 Length of period (Days)
4	6. 3	16	13	10. 18	15
5	6. 18	15	14	11. 3	16
6	7. 3	15	15	11. 18	15
7	7. 18	15			
8	8. 3	16			

从图 3-3 可以看出，9 个无性系苗高和地径的生长进程相似，但在维持高生长速率的时间以及早晚期生长速率的大小存在一定差异。

9 个无性系在不同阶段的苗高生长节律进行分析，结果如图 3-3（d）。从图中可以看出大多数无性系的苗高在 6 月中旬到 8 月下旬生长速率高，9 月初逐渐趋于缓慢，9 月中旬后大多无性系顶芽已形成，苗高生长基本停止。

9 个无性系在不同阶段的地径生长速率进行分析，结果如图 3-3（c）。从图中可以看出大多数无性系的地径在 6 月中旬到 8 月下旬生长速率高，这段时间内的生长速率高。在 9 月中旬到 10 月下旬地径仍维持缓慢生长，但生长速率逐渐下降，但仍维持缓生长，11 月下旬落叶之后地径生长基本停止。

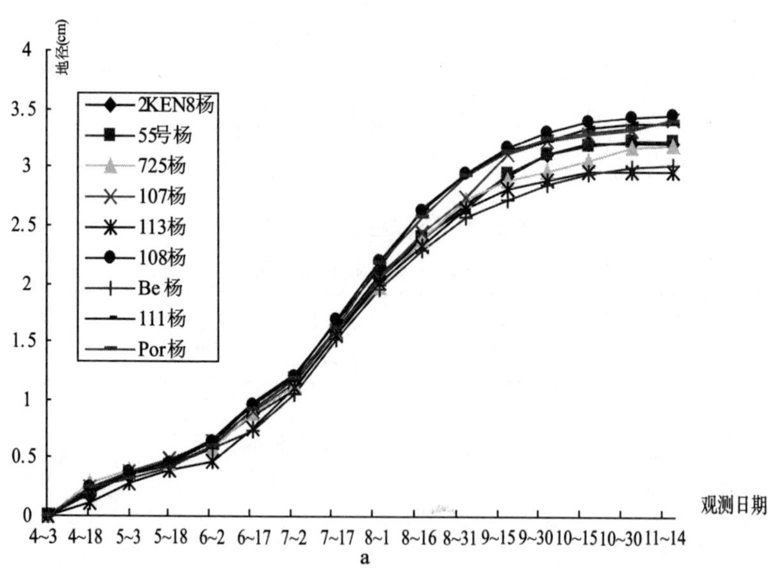

a

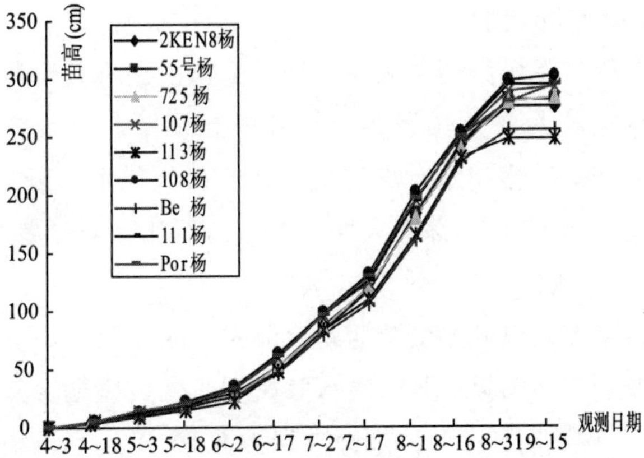

b

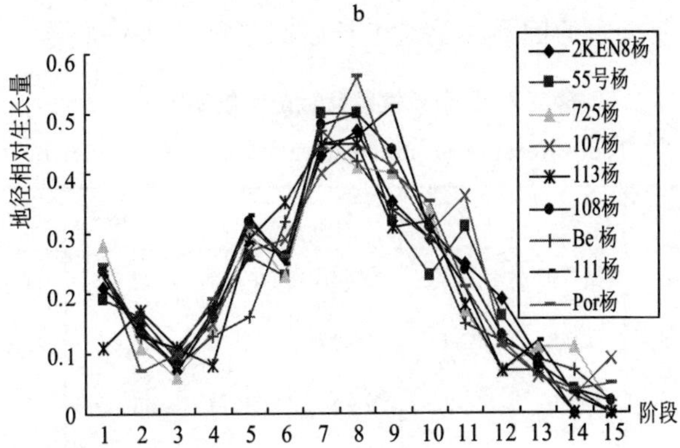

c

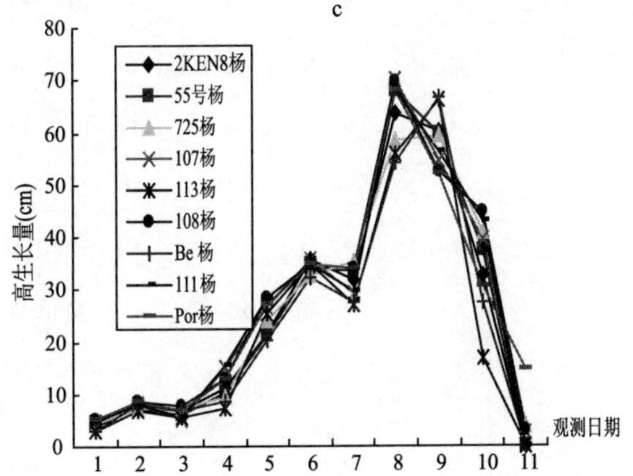

d

图 3-3　9 个无性系苗高、地径生长进程图（分图 a 和 b）及不同阶段生长量图（分图 c 和 d）

Figure 3-3　Stem heightand basal diameter growth curves (Figs. a and b) and growth rate (Figs. c and d) during different development period of 9 clones

3.2.1 物候期差异状况

通过对1年生黑杨派杨树无性系扦插苗物候期进行观测，发现各无性系的物候期存在较大差异（表3-7）。其中封顶期、叶始变黄期、变黄盛期、落叶始期和落叶盛期差异幅度大，均在20天以上，以叶始变黄期差异最为明显，差异达32天。芽膨大期、展叶初期和叶充分展开期差异较小，分别为4、6和7天。

从标准误来看，以叶始变黄期差异最大，标准误9.61，说明不同的无性系在此时差别最为明显；其次为落叶始期、变黄盛期变异系数为标准误8.79和8.73、封顶期和落叶盛期标准误为6.86和6.11。由此可知，决定各无性系生长期长短的因素主要是生长后期诸物候期的差异。

表3-7 9个无性系盆栽苗物候期差异

Table 3-7 The difference of phonological phases of 9 clones in the pot

无性系 Clone	X_1	X_2	X_3	X_4	X_5	X_6	X_7	X_8
36 杨	4~6	4~9	4~13	9~10	10~28	11~5	11~10	11~17
55 号杨	4~5	4~8	4~12	9~17	11~2	11~9	11~15	11~21
725 杨	4~6	4~9	4~12	9~14	11~1	11~7	11~14	11~18
107 杨	4~5	4~8	4~10	9~17	11~7	11~10	11~15	11~19
113 杨	4~9	4~13	4~16	8~28	10~8	10~16	10~20	11~5
108 杨	4~5	4~7	4~9	9~18	11~9	11~13	11~16	11~25
Be 杨	4~8	4~12	4~12	9~4	10~23	10~28	10~25	11~9
111 杨	4~6	4~8	4~11	9~11	10~26	10~31	11~8	11~15
Por 杨	4~7	4~9	4~13	9~10	10~27	11~4	11~15	11~19
平均日期	4~6	4~10	4~12	9~10	10~29	11~3	11~9	11~16
早晚差数 d	4	6	7	21	32	28	27	20
标准误（SE）	1.41	2.29	2.00	6.86	9.61	8.73	8.79	6.11

X_1：芽膨大期；X_2：展叶初期；X_3：叶充分展开；X_4：封顶期；X_5：叶始变黄期；X_6：变黄盛期；X_7：落叶始期；X_8：落叶盛期。

3.2.2 物候期的划分

表 3-8　黑杨派无性系物候期的前 2 个主分量统计表

Table 3-8　The main components analysis of phonological types

变量 Variable	第一主分量 Component 1		第二主分量 Component 2	
	特征向量	因子负荷量	特征向量	因子负荷量
X_1	-0.3623	-0.968	0.16483	0.104
X_2	-0.32333	-0.864	0.69784	0.442
X_3	-0.3201	-0.855	0.28281	0.179
X_4	0.37108	0.991	0.03996	0.025
X_5	0.37184	0.993	0.00775	0.005
X_6	0.36856	0.984	0.16801	0.106
X_7	0.35005	0.935	0.52742	0.334
X_8	0.35692	0.953	0.31276	0.198
特征根 Initial Eigenvalues	7.13362		0.40174	
贡献率 of Variance（%）	89.17025		5.02175	
累积贡献率 Cumulative（%）	89.17025		94.192	

鉴于不同无性系物候期的差异，有必要对其进行物候期的划分，以使对于某一无性系物候期的出现时间及持续长短有更清楚的了解。通过对 9 个无性系的物候期进行主成分分析，由主成分值（表 3-8）可以看出，第一主成分中 8 个物候期变量均具有较高的因子负荷量，表明第一主成分与 8 个物候期原变量均具有较高的相关性；生长初期的 3 个物候期对第一主成分起负向作用，生长后期的 5 个物候期对第一主成分起正向作用。

以主成分分析为基础，以第一主成分为横坐标，第二主成分为纵坐标，以 9 个无性系在第一、二成分上的得分值描点绘图，组成二维散点排序图（图 3-4）把彼此接近的点归为一类。由图可以看出，可将 11 个无性系划分为 3 类。第一类包括无性系 108，第三类包括无性系 Be 杨和 113 杨，其他为第二类。第一类为生长初期物候期出现最早，后期物候期出现最晚，第三类生长期最短，第二类介于第 1 类和第二类之间。

在 8 个物候期中以叶黄始期各无性系变异为最大，决定各无性系生长期长短的因素主要是生长后期诸物候期的差异，生长后期诸物候期的早晚

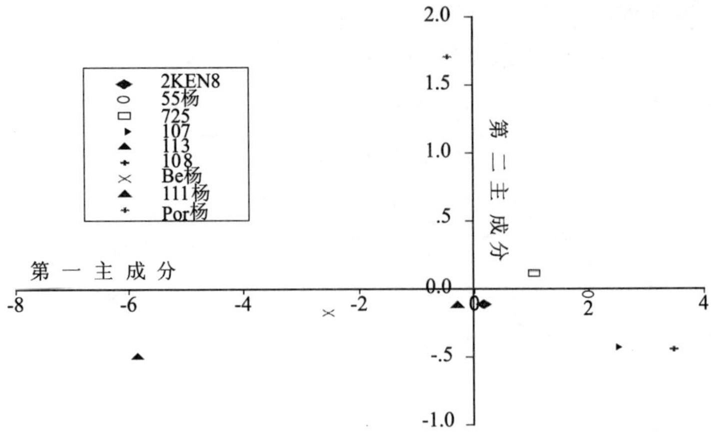

图 3-4 无性系物候期前两个主成分的空间位点

Figure 3-4 Location of the first two main components phonological phases

可作为速生无性系早期选择的参考依据。

3.2.3 物量与物候期、生长效率的关系

从表 3-7 虽然可以看出生长快的无性系生长期较长、生长开始期较早，生长慢的无性系生长期较短，但根据无性系在各个观测阶段的生长进程，知道无性系在 6 月 18 日至 9 月 3 日两个半月（整个生长季 1/3），苗高、地径和生物量的积累却达到了 70% ~80%。为判断生长期、生长效率（速生期 6 ~11 阶段生长量）哪一因素是决定生长季节末期生物量的决定因素。做生物量与各个生长阶段（速生期除外的其他阶段）、生长效率（速生期）以及物候期（生长开始期（*GI*）、生长结束期（*GC*）、生长期（*GP*）相关性分析，结果如表 3-9：年生长量与生长发育各个阶段（1 ~5，12 ~15）相关性并不显著；但与生长效率（速生期）的生长量显著相关（$R=0.982$，$P<0.01$），表明大部分生物量是在速生期依靠高的生长效率获得，而不是依靠提前发芽或是延迟落叶来实现。

年生物量与生长结束期和生长季节成正相关，与生长开始期成负相关，说明生长停止期来得越晚，生长期越长，生物量越大；说明发芽越早则生长期越长，生物量越大，发芽期越晚，生长季节越短，生物量则越小。各物候期之间的相关性研究则表明：生长开始期越晚，落叶期就较早，生长期就越短。

表 3-9　年生物量、不同阶段生长量、生长效率、生长开始期（GI）、生长结束期（GC）、生长期（GP）之间的相关性表中第一行为相关系数，第二行斜体为 P 值

Table 3-9　Correlation among annual growth, growth efficiency (GE), growth rate at different development period and growth initiation (GI) and growth cessation (GC) and growth period (GP). Correlation coefficients in bold, P – values italics

	B 生物量	生长开始 GI	生长停止 GC	生长期 GP	生长效率 GE	生长阶段 Development Period							
						1	2	3	4	5	12	13	14
生物量	1	-0.764	0.813	0.816	0.982	0.182	0.209	0.319	0.322	0.459	-0.162	-.090	0.491
B		0.017	0.008	0.007	0.000	0.6390	0.5900	0.403	0.213	0.127	0.676	0.818	0.180
生长开	-0.764	1	0.902	-0.935	-0.735	-0.497	0.000	0.267	-0.660	-0.415	-0.100	-0.130	-0.241
始 GI	0.017		0.001	0.000	0.024	0.173	1.000	0.487	0.053	0.266	0.799	0.738	0.533
生长停	0.813	-.902	1	0.997	0.823	0.567	0.265	0.320	0.364	0.415	-0.067	0.187	0.265
止 GC	0.008	0.001		0.000	0.006	0.111	0.490	0.401	0.125	0.267	0.864	0.630	0.491
生长	0.816	-0.935	0.997	1	0.819	0.562	-0.219	0.315	0.356	0.421	-0.036	0.179	0.264
期 GP	0.007	0.000	0.000		0.007	0.115	0.572	0.410	0.118	0.259	0.926	0.645	0.492

3.3　不同无性系叶片形态性状的遗传变异分析

3.3.1　不同无性系叶片形态性状的遗传变异

对所测定的 7 个叶片形态性状及 2 个间接性状进行方差分析，结果见表 3-10，各无性系 9 个性状的具体平均值见表 3-11，3-12 和 3-13。

表 3-10　黑杨派无性系叶片性状方差分析

Table 3-10　Analyses of variance for 9 morphological traits of 9 clones

性状 Traits	平方和 *SS*	均方 *MS*	误差均方 *MS*（error）	*F* 值 *F*	无性系重复力 *H*
叶片鲜重（LFW）	43.693	5.462	1.265	4.319＊＊	0.768
叶干重（LDW）	24.650	3.081	1.247	2.470＊	0.595
叶片长（LL）	129.646	16.206	3.832	4.229＊＊	0.764
叶片宽（LW）	256.834	32.104	7.453	4.308＊＊	0.768
叶柄长（PL）	54.670	6.834	1.454	4.700＊＊	0.787
叶柄直径（PD）	26.740	3.343	0.854	3.913＊＊	0.744
单叶面积（LA）	27862.462	3482.808	452.874	7.690＊＊	0.870
比叶面积（SLA）	0.021	0.003	0.001	2.769＊	0.182
叶片含水率（LWC）	247.562	30.945	28.456	1.087	0.080

注：$F_{0.05(8,24)}=2.36$，$F_{0.01(8,24)}=3.36$　＊：$\alpha=0.05$，＊＊：$\alpha=0.01$

从分析结果可知，所测定的9个叶片性状中，除叶片含水率在无性系间差异不显著外，其余8个性状在无性系间均存在显著差异，比叶面积重复力为0.182，受遗传因素影响较小，其他性状无性系重复力值在0.870～0.595之间，表明这些性状受遗传因素影响较强。

从表3-10中的具体值来看，不同无性系、不同部位的叶片尺寸相差很大。上部叶片中，叶面积最小的无性系是113杨，最大的无性系是108杨；叶片最长的是108杨，叶片最短的是Be杨；叶片最宽的是108杨，叶片最窄的是113杨。下部叶片中，叶面积最小的无性系是55号杨，最大的无性系是108杨；叶片最长的是107杨，叶片最短的是Be杨；叶片最宽的是107杨，叶片最窄的是113杨；从中可以看出，3个美洲黑杨无性系36号、55号杨和725杨叶长大于叶宽。而6个欧美杨无性系叶长大于叶宽，其中113杨叶长显著大于叶宽，属瘦长形。不同无性系、不同部位叶片平均叶面积和单叶形状差异很大，所有无性系都表现出上部叶片较下部叶片更长、更宽、叶面积更大。

表3-11 9个黑杨派无性系一年生苗上下层树冠叶片性状的平均值

Table 3-11 Average values of leaf characteristics from the first growth season (from upper and lower canopy layers) for 9 *Populus* sections Aigies clones

无性系 Clone	叶长 LL（cm）		叶宽 LW（cm）		叶面积 LA（cm^2）	
	上部 Upper	下部 Lower	上部 Upper	下部 Lower	上部 Upper	下部 Lower
36号杨	16.8bcA	8.6bcB	17.2bA	9.1aB	196.83cA	56.84bB
55号杨	16.9bcA	8.7bcB	18.3aA	9.5aB	189.64cA	59.21bB
725杨	17.4bA	9.1bB	18.1aA	9.6aB	193.27cA	65.68abB
107杨	19.3aA	10.3bB	18.9aA	9.6aB	257.43aA	79.62aB
113杨	17.8bA	13.7aB	10.4dA	6.3bB	119.37dA	36.45cB
108杨	20.5aA	9.8bB	19.4aA	9.5aB	264.52aA	72.64aB
Be杨	15.6cdA	7.9cB	14.2cA	6.5bB	168.75cA	35.69cB
111杨	17.9bA	8.5bcB	16.4bA	7.9bB	233.74bA	51.21bB
Por杨	18.6aA	9.9bB	17.9bA	9.2aB	239.36bA	71.78aB

注：表中每一栏中性状平均值后面小写字母如相同，表示该性状在无性系间无显著差异（（P<0.05）。大写字母表示同一无性系同一性状不同部位的差异显著性，如相同表示无显著差异。

Note: Means within each column followed by the same letter are not significantly different (P<0.05). Capital Letters denote difference between the Upper and Lower Leaves.

从表3-11可以看出不同无性系、不同部位叶片比叶面积（*SLA*）差异非常巨大，对于上部叶片比叶面积，最小的是108杨，最大的是Be杨，下部比叶面积，最小的是55杨，最大的是36号杨。同时发现叶面积大总是伴随着小的比叶面积，同一无性系上部叶面积越大，比叶面积就越小；下部叶片叶面积越小，*SLA*就大。比叶面积反映单位鲜重叶片的表面积的大小，*SLA*越大，表明下部叶片老化，越不利于保持组织内的水分，抗旱性较差。同时从表3-12可以看出，各无性系之间叶片含水率无显著差异，同一无性系下部位叶片含水率明显高出上部叶片含水率，*SLA*和*LWC*正相关。

表3-12　9个黑杨派无性系一年生苗上下层树冠叶片间接性状的平均值

Table 3-12　Average values of leaf characteristics from the first growth season (from upper and lower canopy layers) for 9 *Populus* sections aigies clones

无性系 Clone	*SLA* (cm^2/g)		*LWC* (%)	
	上部 Upper	下部 Lower	上部 Upper	下部 Lower
36号杨	136.95bA	275.26aB	257.25A	269.83B
55号杨	115.84cA	170.95dB	248.46A	259.82B
725杨	112.67cA	212.98cB	174.22A	236.45B
107杨	96.38deA	215.01bcB	254.55A	276.84B
113杨	146.74aA	228.95bB	267.21A	298.41B
108杨	90.21eA	223.64bB	265.3A	274.23B
Be杨	153.42aA	201.70cB	212.02A	275.66B
111杨	112.36cdA	228.75bB	261.93A	311.76B
Por杨	108.65dA	230.65bB	235.90A	305.24B

注：表中每一栏中性状平均值后面小写字母如相同，表示该性状在无性系间无显著差异（$P<0.05$）。大写字母表示同一无性系同一性状不同部位的差异显著性，如相同表示无显著差异。

Note: Means within each column followed by the same letter are not significantly different ($P<0.05$). Capital Letters denote difference between the Upper and Lower Leaves.

表 3-13 9 个黑杨派无性系一年生苗上下层树冠叶柄性状的平均值

Table 3-13 Average values of petiole characteristics during the first growth season (from upper and lower canopy layers) for 9 *Populus* sections aigies clones

无性系 Clone	叶柄长 *PL*（cm）		叶柄直径 *PD*（mm）	
	上部 Upper	下部 Lower	上部 Upper	下部 Lower
36 号杨	5. 2cdA	3. 4dB	2. 64bcA	1. 01abB
55 号杨	5. 7Ca	4. 6aB	3. 01abA	0. 84dB
725 杨	5. 6cA	3. 6bcB	2. 89bcA	0. 72eB
107 杨	6. 9aA	4. 2abB	3. 36aA	1. 12aB
113 杨	4. 5eA	3. 6bcB	2. 54bc	0. 93bcB
108 杨	7. 1aA	3. 9bB	3. 74aA	1. 23aB
Be 杨	4. 2eA	3. 3dB	1. 85dA	0. 94bcB
111 杨	6. 3bA	3. 7bcB	2. 68bcA	0. 98bcB
Por 杨	5. 8cA	4. 1abB	2. 13dA	1. 03abB

注：表中每一栏中性状平均值后面小写字母如相同，表示该性状在无性系间无显著差异（$P<0.05$）。大写字母表示同一无性系同一性状不同部位的差异显著性，如相同表示无显著差异。

Note: Means within each column followed by the same letter are not significantly different（$P<0.05$）. Capital Letters denote difference between the Upper and Lower Leaves.

从表 3-13 可以看出不同无性系和同一无性系不同部位叶柄特性存在差异，上部叶柄更长、更厚、更重。树冠上部叶柄长度平均值最大的是 108 杨为 7. 1cm，最短的是 Be 杨 4. 2cm，下部叶柄长度平均值最大的是 55 号杨，最短的是 Be 杨。无性系上部叶柄直径最大的是 108 杨 3. 74mm，最小的是 Be 杨为 1. 85mm，下部叶片叶柄直径最大的是 1. 23mm，上部叶柄直径最小的是 725 杨 0. 72mm。

3. 3. 2 性状间相关性分析

3. 3. 2. 1 叶片性状之间的相关性

叶面积大小直接影响着树木生长，因此受到了越来越多的重视。杨树叶片的形状、叶面积大小是遗传改良早期选择以及营造林等研究的主要内容，它关系到理想株型的培育、生物量积累和不同造林密度经营措施，乃至林分结构和材积。在杨树叶面积与树木生长、材积的关系上，已有很多报道。特别指出了两者的极显著相关性，随着现代科学仪器测试手段提高，用叶面积仪明显比其他方式先进，然而在无叶面积仪的情况下，叶面积（包括其他阔叶树种）的测定，仍采用叶形指数或叶圆片法特定叶形下经验回归方程，使得测定繁琐或误差较大为不同叶形的叶面积模型。我们利用叶面积仪精确测量 9 个无性系的叶片性状，建立了叶面积与叶长和叶宽回归方程，所得回归方程的拟合系数都很高，为叶面积预测和应用提供了依据。

基于阔叶树（包括杨树）叶面积由叶长和叶宽组成，且最大宽度比平均宽或 1/2 处宽更易于测定，因此，建立模型时，选用叶片主脉长（L）和最大宽（W）以及两者乘积（$L \times W$）为 3 个变量作为叶面积的相关变量作与叶面积的相关关系。

结果表明：叶长和叶宽显著相关（上层树冠 $R=0.702$，$P<0.01$，下层树冠 $R=0.685$，$P<0.01$），叶面积和叶长、叶宽相关（上层树冠 $R=0.986$，$P<0.01$，下层树冠 $R=0.685$，$P<0.01$）。

为广泛筛选叶面积与叶片（主脉）长、最大宽的函数关系，选择了以下 7 个模型：

（1）线性关系模型：$y = a + bx$。

（2）双曲线关系模型：$\frac{1}{y} = a + b\frac{1}{x}$。

（3）幂函数关系模型：$y = ax^b$。

（4）线性和对数关系混合模型：$\lg y = a + bx + c\lg x$。

（5）对数关系模型：$y = a + bx$。

（6）指数关系模型：$\lg y = a + bx$。

（7）线性和几何平均数的混合模型：$y = a + bx + c\sqrt{x}$。

经对实测数据进行逐一模型回归，得出其复相关系数的平方。

在叶面积（LA）与各无性系的叶长（LL）的函数关系上，725 杨和 113 杨两个无性系在模型 7 的复相关系数 R^2 高于 0.9 以上，分别达 0.956 和 0.915，Por 杨和 107 杨在模型 1 的复相关系数为 0.982 和 0.965，和其他无性系的复相关系数下降，介于 0.862 和 0.889 之间，拟合情况在所有模型中最好。

在叶面积与叶宽（LW）的函数关系上，同一无性系的不同模型，复相关系数变异较大，介于0.157与0.962之间。然而，以模型3对各无性系模拟较好，复相关系数上，介于0.784和0.940之间与主脉叶长相比，叶宽具有较好的函数关系。

进一步分析叶面积与叶长和叶宽的乘积（LL×LW），两者相关的可信度增加，这也充分说明了叶面积是由叶长和叶宽双因素构成。对这9个无性系，以模型5为最佳，复相关系在0.917～0.974之间，具有对不同类型无性系叶面积模拟的普遍性。其次为模型4，特别是对于美洲黑杨无性系，其复相关系在都在0.952～0.978之间。

综合以上得知以叶长和叶宽双因子比单因子的模拟效果增加，其中以模型5最佳，其次为模型8，对美洲黑杨无性系适应性强。以上模型均达到了较高的精度，不过由于要求调查叶片长和最大宽，需要花费时间和工作量，因此，选用叶面积与叶长的模型1，和叶面积与叶宽模型3可达到事半功倍的效果。

在经最优复相关系数比较后，经回归统计分析得出了如下不同无性系的模型，见表3-14。

表3-14 叶面积与叶片长、叶宽之间最佳回归方程

Table 3-14 The regression equations between leaf area with leaf length and leaf width of poplar

无性系 clone	$y = a + bx$		$y = ax^b$	
	a	b	a	b
36号杨	-69.512	15.643	1.343	1.741
55号杨	-74.913	15.546	0.976	1.807
725杨	-70.568	15.484	0.982	1.829
107杨	-120.573	19.563	0.877	1.908
113杨	-8.203	7.093	2.259	1.609
108杨	-115.629	18.592	0.854	1.933
Be杨	-100.573	17.163	1.894	1.694
111杨	-107.097	19.012	1.89	1.707
Por杨	-113.73	18.963	2.18	1.619

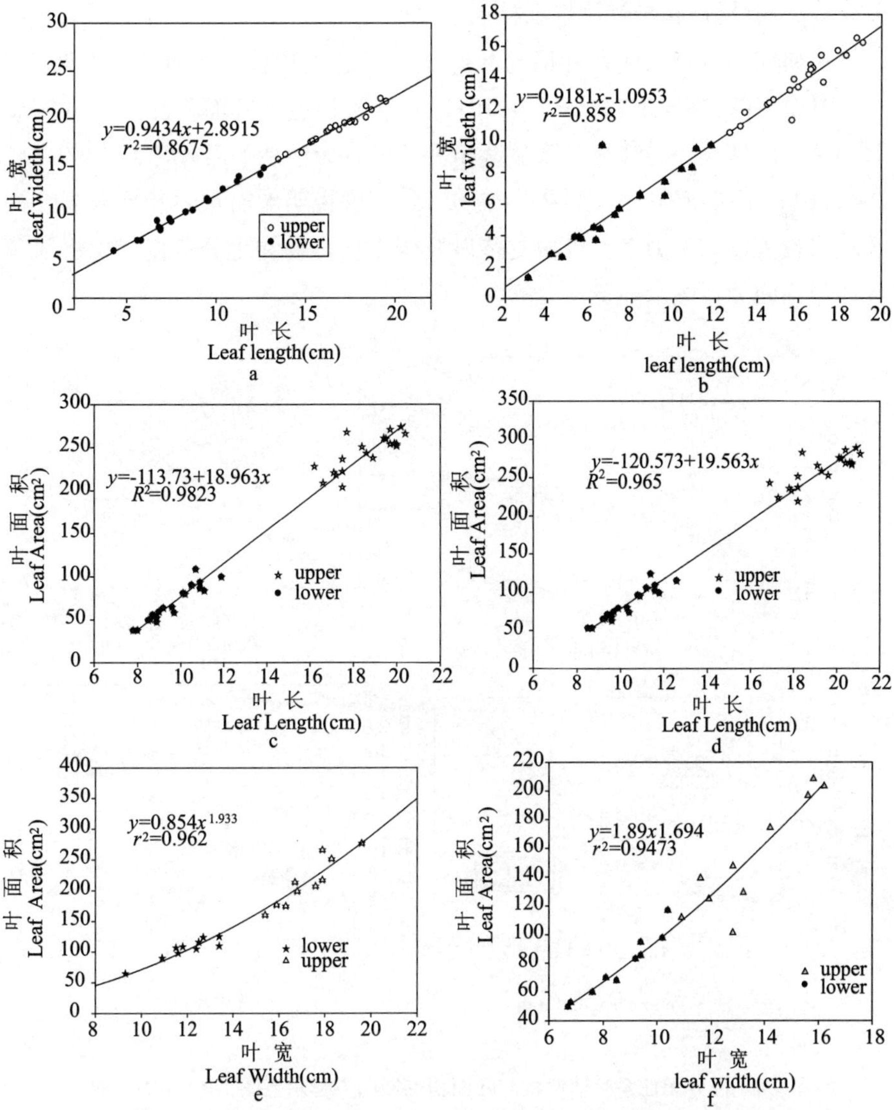

图 3-5　部分无性系叶长、叶宽与叶面积之间的回归方程示意图，P＜0. 01level.
a. 55 号杨叶长与叶宽的回归关系，b. 113 杨叶长与叶宽的回归关系，
c. Por 叶长与叶面积线性回归方程，d. 107 杨与叶面积线性回归方程，
e. 108 杨叶宽与叶面积幂函数回归方程，f. Be 杨叶宽与叶面积幂函数回归方程 .

Figure 3-5　Relationship between LL（cm），LW（cm） and LA（cm^2） for part of clones,
The shown regression is significant at the P＜0. 01 level.
a. The regression between leaf length with leaf width of clone ‘55’ .
b. The regression between leaf length with leaf width of clone ‘113’ .
c. The regression between leaf length with leaf area of clone ‘Por’ .
d. The regression between leaf length with leaf area of clone ‘107’ .
e. The regression between leaf width with leaf area of clone ‘108’ .
f. The regression between leaf width with leaf area of clone ‘Be’ .

3.3.2.2 叶柄性状与叶片性状相关性

本研究中所有无性系叶柄长与叶长成显著正相关（上部 $R=0.76$；$P<0.01$；下部：$R=0.71$；$P<0.01$），叶柄直径也与叶面积叶片干重成显著相关。叶柄直径与叶片干重显著相关（所有无性系上层叶片，$r^2=0.81$，$P<0.01$；下部叶片 $r^2=0.68$；$P<0.01$）。这说明大而重的叶片需要叶柄上较大投入以满足力学上机械支持以及碳水化合物和水分运输。现将部分无性系回归关系图示如下：

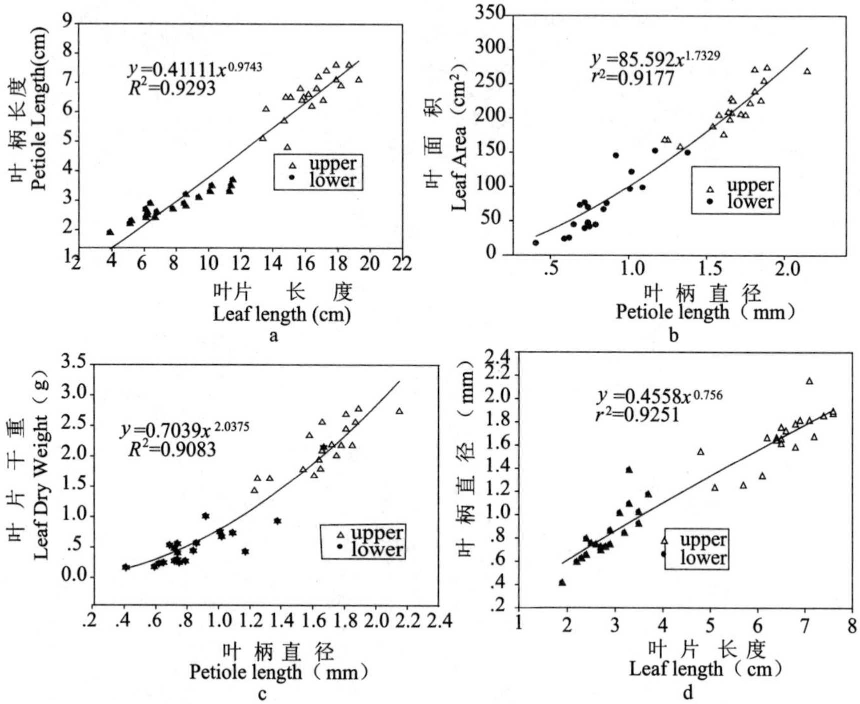

图 3-6　部分无性系叶柄性状与叶面积的回归方程示意图，$P<0.01$level.

a. 08 杨叶片长度与叶柄长度的回归方程；b. Por 杨叶柄直径与叶面积的回归方程

c. Be 叶柄直径与叶片干重的回归方程；d. 111 叶片长度与叶柄直径的回归方程

Figure 3-6　Relationship Between *PL*（cm），*PD*（cm）with *LL*（cm），*LA*（cm^2），LDW（g）for part of clones. The shown regression is significant at the $P<0.01$ level.

a. The regression between leaf length with petiole length of clone ‘108’.

b. The regression between petiole diameter with leaf area of clone ‘Por’.

c. The regression between petiole diameter with leaf dry weight.

d. The regression between leaf length with leaf length with petiole diameter.

3.3.2.3　形态性状与生物量相关性

表 3-15　不同部位叶片性状与苗高、地径、生物量和茎容量指数的相关性

Table 3-15　The correlation among leaf size from upper and lower canopy with Height, Basal Diameter and Biomass

	上部叶片长 *LLU*	下部叶片长 *LLL*	上部叶宽 *LWU*	下部叶宽 *LWL*	上部叶面积 *LAU*	下部叶面积 *LAL*
苗高 *H*	0.653	-0.403	0.875(**)	0.803(**)	0.938(**)	0.737(*)
	0.057	0.282	0.002	0.009	0.000	0.024
地径 *BD*	0.693(*)	-0.332	0.829(**)	0.733(*)	0.975(**)	0.807(**)
	0.039	0.383	0.006	0.025	0.000	0.009
生物量 *B*	0.677(*)	-0.295	0.792(*)	0.685(*)	0.953(**)	0.781(*)
	0.045	0.441	0.011	0.042	0.000	0.013
茎容量指数 *VI*	0.709(*)	-0.324	0.832(**)	0.742(*)	0.968(**)	0.802(**)
	0.033	0.396	0.005	0.022	0.000	0.009

* Correlation is significant at the 0.05 level (2 - tailed) ** Correlation is significant at the 0.01 level (2 - tailed).

从表 3-15 可以看出，上部叶片长、宽、面积和下部叶片宽、面积与苗高、地径、生物量、茎容量指数相关，并且上部叶片性状较下部叶片与苗高、地径、生物量、茎容量指数相关性更高；叶宽较叶长相关性更高；叶面积较叶长与叶宽相关性更高，说明上部叶片大是选择速生无性系可靠指标之一。

3.4　叶生长发育与生物量的关系

3.4.1　叶片数量与生物量的关系

全株总叶面积的无性系差异与生物量的关系：一年生盆栽苗全株总叶面积以 108 杨最大，可达到 165.4dm^2，113 杨最小为 85.3dm^2，各无性系全株总叶面积的排列顺序和生物量的顺序略有差异如表 3-16，二者相关系数为 0.914（$P<0.01$），呈紧密相关；9 个无性系的全株总叶面积与苗高、地径和茎容量指数的正相关也非常紧密，相关系数分别为 0.398（$P<0.05$），0.841（$P<0.01$），0.717（$P<0.01$）。单株总叶面积与苗高、地径、生物量和茎容量指数回归方程 r^2 分别为 0.5009，0.7081，0.8093 和 0.5135，回归方程见图 3-8。

表 3-16 9 个无性系生物量、单株总叶面积、根系干物质和根干比

Table 3-16 The average biomass, total leave area, root dry weight and ratio between root and whole tree

无性系 Clone	单株年生物量 Biomass		单株叶面积 Total leaf area		根系干物质 Root Dry Weight		根冠比 Ratio between Root and Whole tree
	Biomass 干重（g）	顺序 Order	（dm^2）	顺序 Order	干重 Dry weight（g）	顺序 Order	
108	1061. 83	1	165. 4	1	208. 9	2	0. 20
107	1023. 46	2	159. 8	2	205. 4	1	0. 20
Por	976. 78	3	143. 2	4	234. 5	3	0. 24
111	969. 34	4	155. 2	3	169. 3	5	0. 17
55	851. 52	5	126. 3	5	157. 4	4	0. 18
36 号	739. 94	6	124. 8	7	132. 6	7	0. 18
725	672. 59	7	125. 5	6	172. 8	6	0. 26
Be	569. 28	8	115. 6	8	88. 84	8	0. 16
113	492. 59	9	85. 3	9	65. 65	9	0. 13

表 3-17 全株总叶面积与苗高、地径、生物量和茎容量指数的相关性分析

Table 3-17 Correlation between total leaf area with basal diameter, height, biomass and stem volume index

	地径 Diameter	苗高 Height	生物量 Biomass	茎容量指数 *VI*
全株总叶面积 Total leaf area	0. 841（**）	0. 398（*）	0. 914（**）	0. 717（**）
	0. 000	0. 016	0. 000	0. 000

* Correlation is significant at the 0. 05 level（2 – tailed）.

* * Correlation is significant at the 0. 01 level（2 – tailed）. N = 36, P – values italics

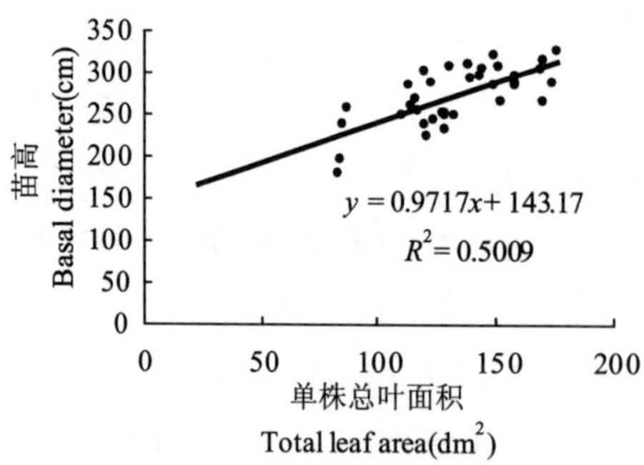

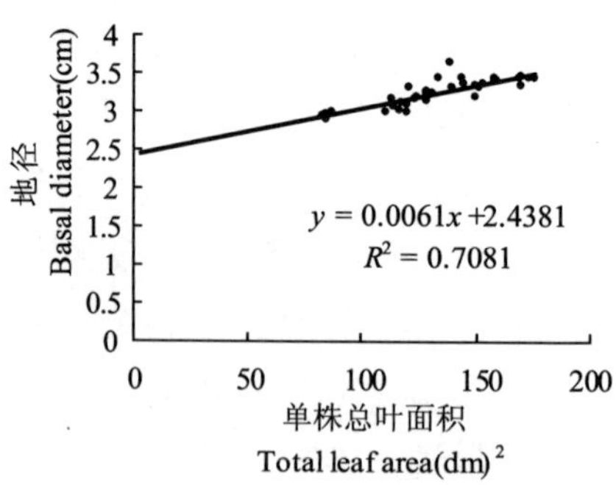

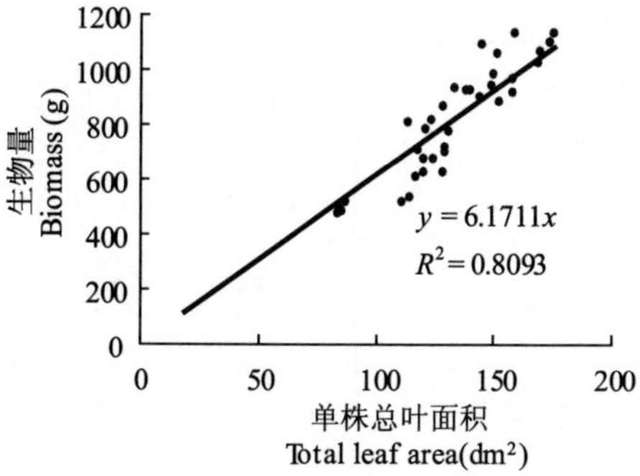

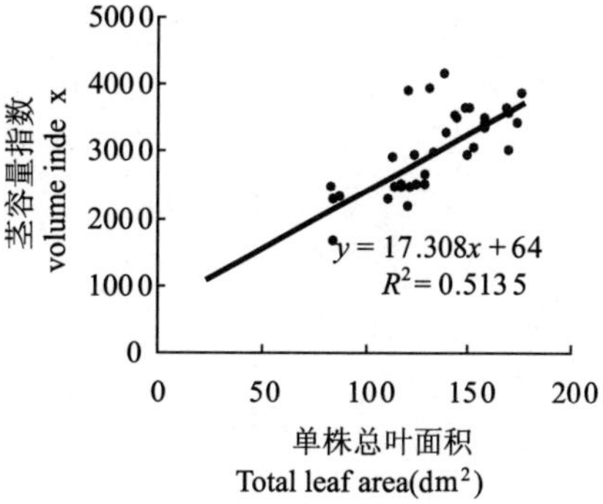

图 3-7　株叶积苗地生量图全总面与高、径、物和茎容量指数的线性回归方程

Figure 3-7　Linar regression of total leaf area with height, basal diameter, biomass and stem volume index.

3.4.2　叶面积的增长速率与高生长速率的关系

实验表明在不同的生长时期，高生长速率随着单株总叶面积的增长速率的变化而变化（图 3-8），二者变化趋势基本一致。分别统计各个无性系不同时期的总叶面积的增长速率与高生长速率的相关性，结果看到各无性系两者之间的相关系数都在 0.682 ~ 0.919（$P < 0.01$），见表 3-18。

如将 9 个无性系在不同时期的高生长速率和叶面积增长速率放在一起，进行相关统计，其相关系数为 0.734（$P < 0.01$），直线回归方程 $y = 0.0349x + 0.961$（$R^2 = 0.5384$），这就表明高生长速率与总叶面积的增长速率的比值为 0.0349。

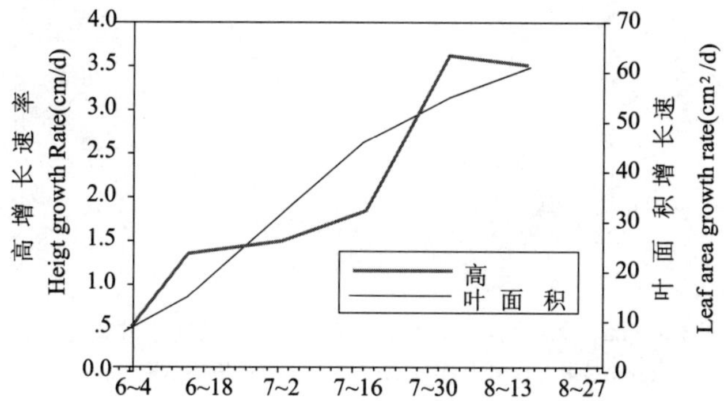

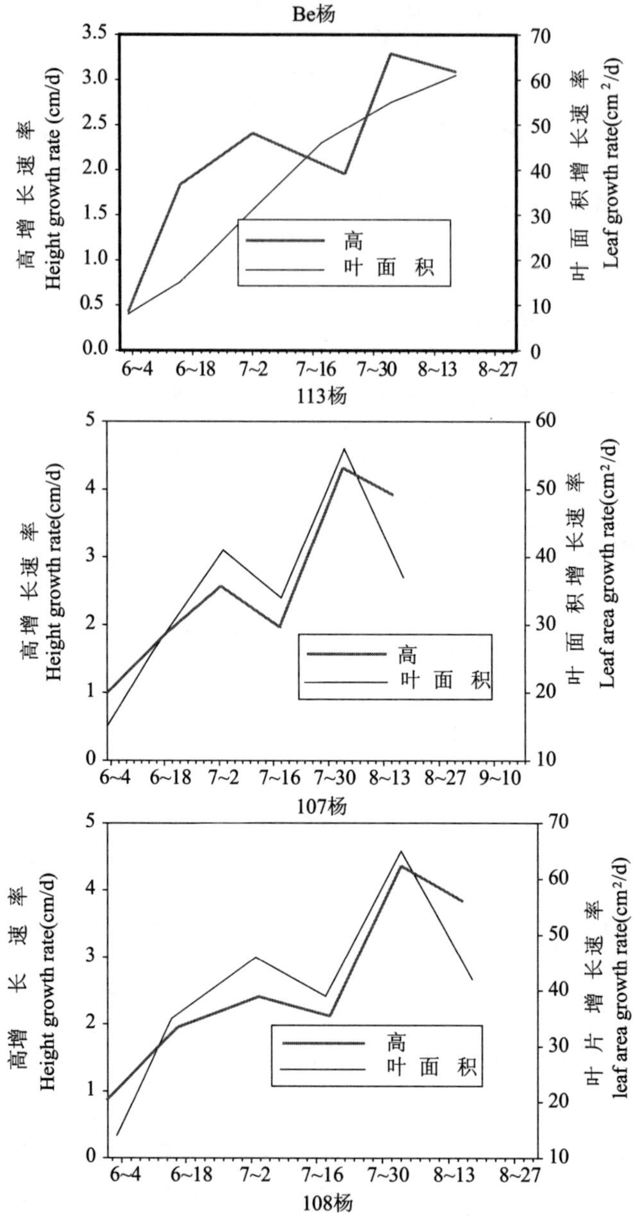

图 3-8 部分无性系叶面积增长速率与高增长速率的相互关系
Figure 3-8 Leaf area expansion rate with Height growth rate of part of clones

表 3-18　9 个无性系一年生盆栽苗叶面积增长速率与高生长速率的相关关系

Table 3-18　Correlation between Leaf expansion rate and Height growth rate of 9 clones

无性系 Clone	36 号	55	725	107	113	108	Be	111	Por
相关系数	0.801**	0.919**	0.743*	0.843**	0.914**	0.880**	0.862**	0.682*	0.714*
P	0.005	0.000	0.014	0.002	0.000	0.000	0.001	0.03	0.020
直线回归方程斜率	0.0326	0.0307	0.0512	0.0584	0.037	0.0409	0.0359	0.0269	0.0484
r^2	0.6408	0.8448	0.5525	0.7104	0.8359	0.7748	0.7084	0.4654	0.05093

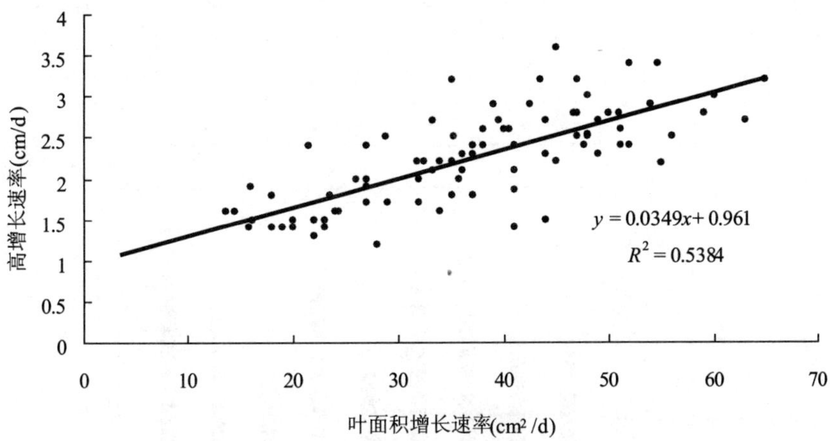

图 3-9　叶面积增长速率与高增长速率的线性回归方程

Figure 3-9　Line regression of Leaf area expansion rate with Height growth rate

对叶片的伸展发育过程的观察表明，顶芽分化出的幼叶面积经过一段时间的扩展后，就达到最大值。然后叶片停止伸展，过一段时间后各项生理功能就表现出衰老特征，如叶边缘发黄，叶片光合速率下降，将在随后不同部位叶片气体交换的日变化中详细介绍。随着高生长、新叶不断放出，旧叶片不断衰老。这样衰老叶片数目不断增多，统计这种停止伸展的衰老叶片的面积增长速率与高生长速率的相关系数，各无性系都在 0.5 之下，远远低于正在扩展中的叶片面积的增长速率与高生长速率的相关系数。

3.4.3　放叶间隔期、节间长度和全株总叶片数的无性系差异

在生长过程中放叶间隔期是有变化的。从表 3-19 中看出不同无性系的放叶方式有所不同。速生的无性系在整个生长期中放出叶片数较多，放叶间隔期较长，而节间和单叶面积也较大；生长缓慢无性系则反之，放出叶片数量较多，放叶间隔期较短，节间和单叶面积较小。

表 3-19 9 个无性系一年生盆栽苗叶片生长特性的比较

Table 3-19 Correlation between Leaf expansion rate and Height growth rate of 9 clones

无性系 Clone	平均放叶间隔期 Leaf production rate (d/leaf)	节间长度 The length between leaves (cm)	叶扩展速率 Leaf extension rate (cm/d)	叶片数 The number of leaves	平均单叶面积 Average leaf area (cm^2)
36 号杨	1.7	3.7	1.9	92	140.55
55 号杨	1.8	3.6	2.0	92	137.78
725 杨	1.9	3.8	1.9	85	118.48
107 杨	2.3	3.8	2.9	78	204.87
113 杨	1.4	3.5	1.7	101	84.00
108 杨	2.4	4.9	3.2	79	209.37
Be 杨	1.5	3.4	18	99	117.28
111 杨	1.9	4.1	2.8	83	186.63
Por 杨	2.0	3.9	2.7	78	183.59

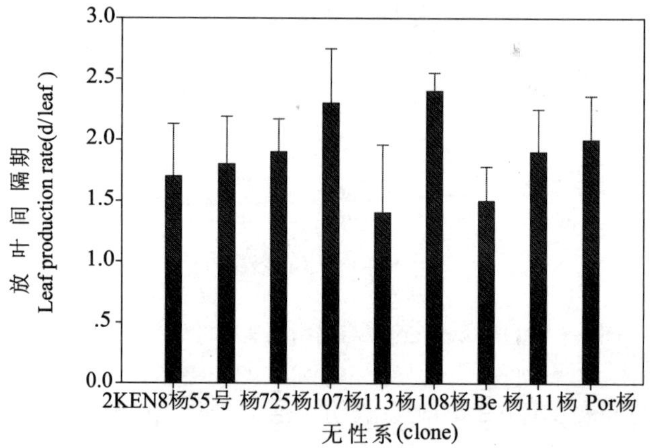

a

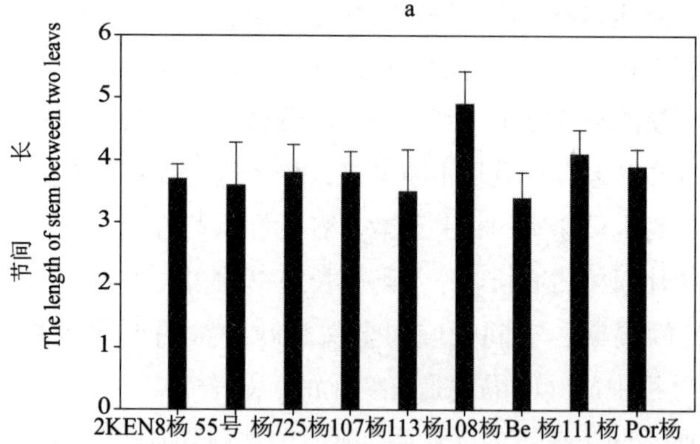

b

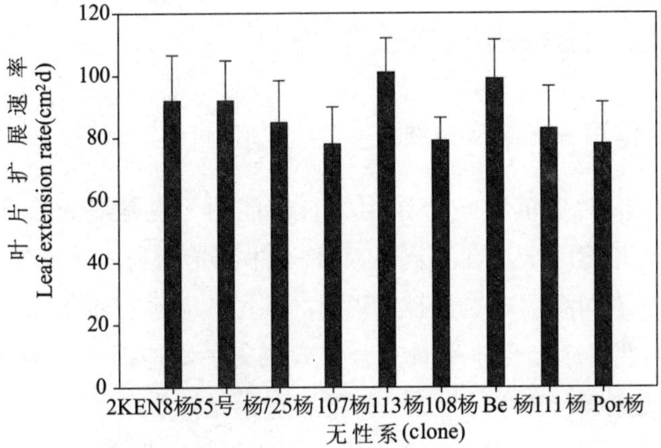

c

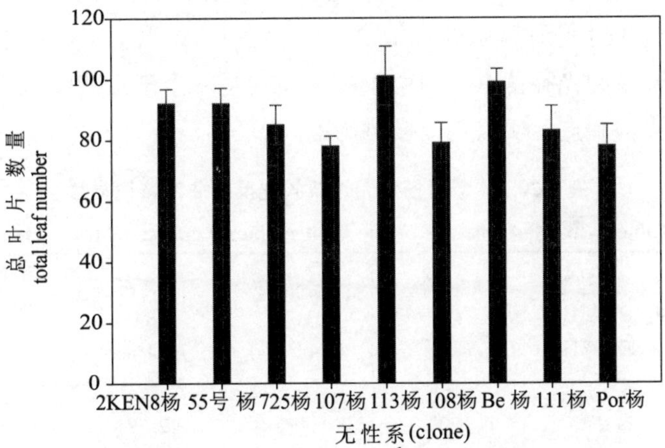

b

图 3-10　9 个无性系叶片生长特性的比较

a. 放叶间隔期，b. 节间长，c. 叶片扩展速率，d. 叶片数量

Figure 3-10　Leaf growth characteristics of 2 clones.

a. leaf production rate. b. the length between two leaves.

c. leaf extension rate. d. total leaf number.

3.5　根冠比

9 个无性系根冠比见表 3-16，从中可以看出在正常供水情况下，108 杨根冠比为 0.20，如果以 108 杨根冠比为最佳，Por 杨和 725 杨根冠比为 0.24 和 0.26，说明这两个无性系属于南方型杨树，特别适应水分充足供应条件，非常容易发生冗根现象。Be 杨和 113 杨根冠比为 0.16 和 0.13，说明其在根系方面投入太少，没有强大稳定的根系支持，很难获得较高的地上部分生物量。

3.6 不同无性系的气体交换特性

3.6.1 光合作用－光响应曲线

光合有效辐射是植物光合作用的直接能源，也是对光合作用影响最大、最重要的环境因子。在不同的环境条件下光能利用效率也发生变化，不同植物以及不同品系对光合有效辐射的利用效率也有所不同。图 3-11 为 9 个黑杨派无性系净光合速率对光合有效辐射的响应曲线，曲线与纵轴的斜率为暗呼吸速率（Rd），与横坐标的交点为光补偿点（Ic），表观量子产额（ϕc）为直线部分斜率。由于非直线双曲线具有明确的生理意义，所以使用这种公式对实测数据进行拟合，R^2 都在 0.96 以上，可以根据公式计算出各无性系的光补偿点；但由于拟合曲线是一个渐近线，难以确定有生理意义的光饱和点，所以仍以实测为准。

表 3-20 9 个黑杨派无性系的光反应曲线特征参数

Table 3-20 Parameters of the light response curves of the 9 clones

无性系 Clone	最大光合速率 Max of Net Pn ($\mu molCO_2/m^2s$)	光饱和点 LSP ($\mu mol/m^2s$)	光补偿点 LCP ($\mu mol/m^2s$)	暗呼吸 Rd ($\mu mol/m^2s$)	表观量子效率 Apparent Quantum Efficiency ($\mu molCO_2/\mu mol$)
36 号杨	22.40	1200	113	4.19	0.037
55 号杨	29.2	1200	47	2.79	0.059
725 杨	15.9	未出现	27	0.90	0.033
107 杨	21.06	1200	70	2.18	0.031
113 杨	24.52	未出现	221	4.64	0.021
108 杨	22.36	1200	81	2.34	0.029
Be 杨	15.13	1200	49	0.64	0.013
111 杨	22.65	800，1500	56	2.97	0.053
Por 杨	20.61	1000	65	2.60	0.040

由表 3-20 可见，725 杨和 113 杨随着 PAR 的增加而上升，直到 PAR 达到 1600$\mu mol/m^2s$ 时仍未达到饱和，而其他无性系的光饱和点都低于 1600$\mu mol/m^2s$，其中 111 杨属于双峰型，其最大光饱和点分别为 800 和 1500$\mu mol/m^2s$ 左右，在两者中间由于受光强或是高温对光合作用出现抑制作用，从而避免了光合器受损。在 9 个无性系中，36 号杨和 113 杨具有较高的光补偿点，分别为 113，221$\mu molCO_2/m^2s$，725 杨的光补偿点较低，

为 27μmol/m^{2}s，其他无性系介于中间。725 杨和 Be 杨具有较低的暗呼吸，分别为 0. 90，0. 64μmolCO_2/m^{2}s，而 36 号和 113 杨具有较高的暗呼吸，分别为 4. 19 和 4. 64μmolCO_2/m^{2}s，其他无性系介于中间。表观量子产额是理解光合作用过程的一个重要的指标。Por 和 111 具有较高的量子产额，分别为 0. 036 和 0. 043μmolCO_2/μmol^{-1}。

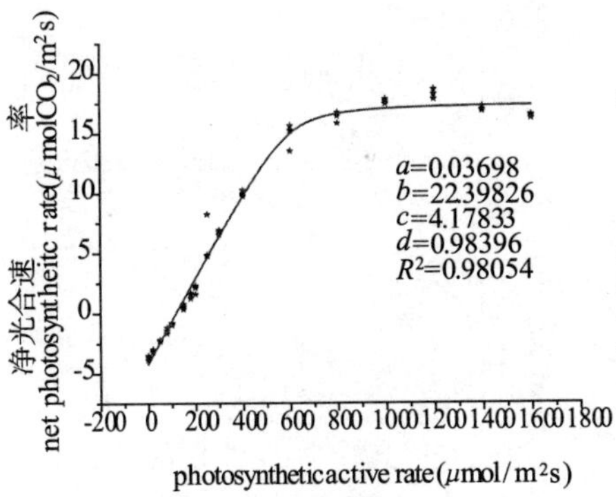

a..2KEN8

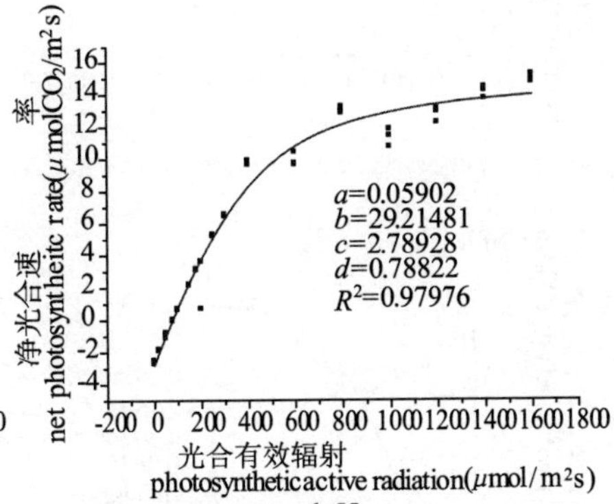

b.55

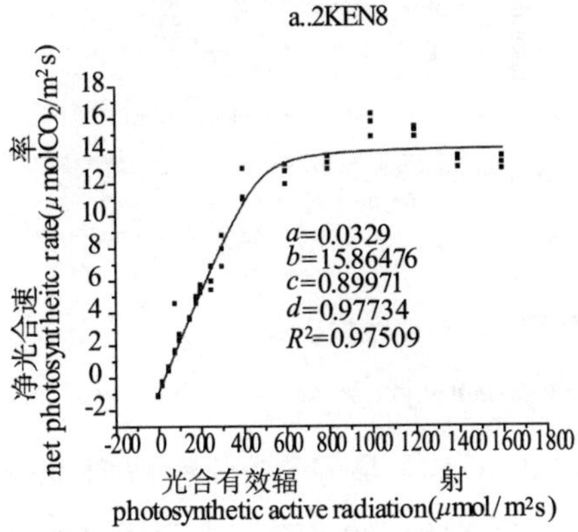

c. 725杨

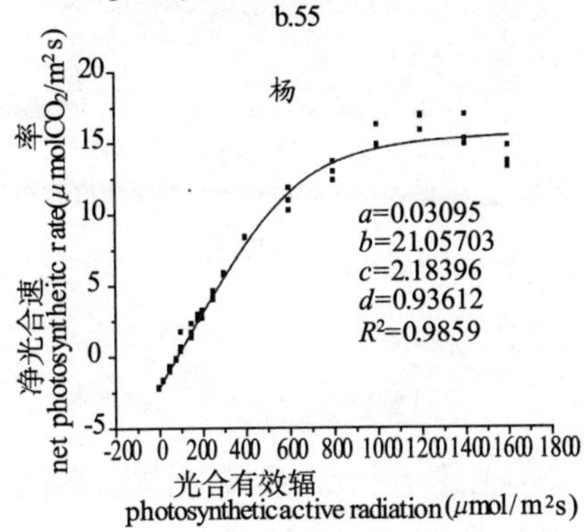

d.107

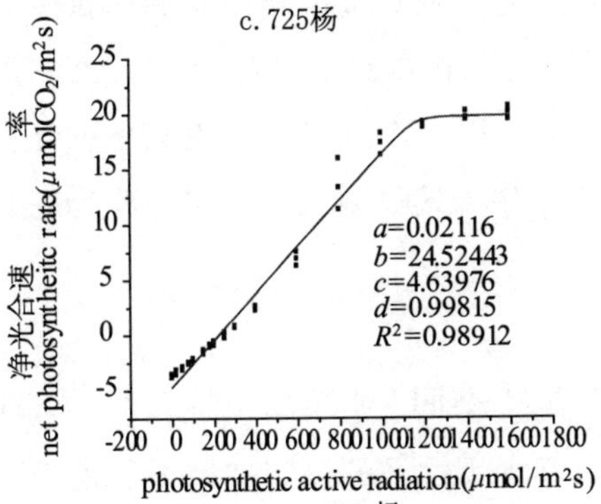

e.113 杨

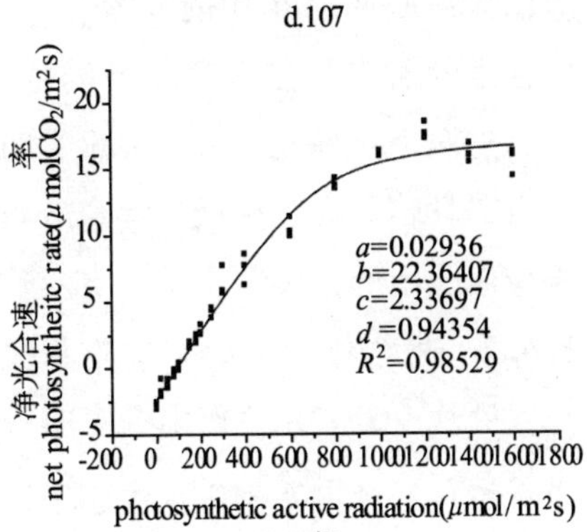

f.108杨

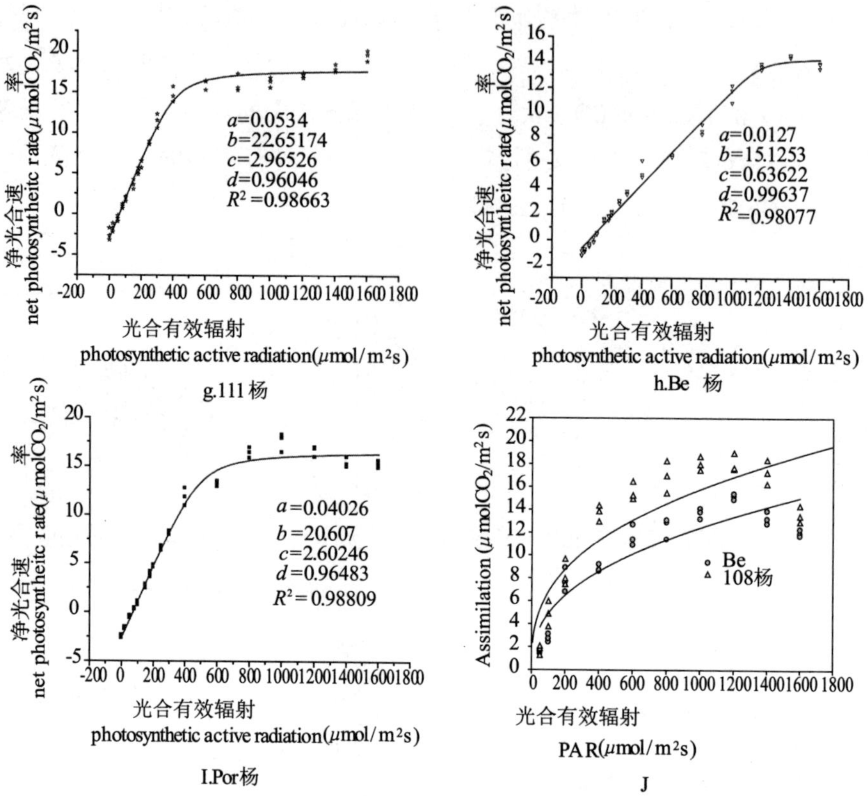

图 3-11　9 个无性系光合作用光响应曲线拟合图

Figure 3-11　light – photosynthetic rate response curves of the 9 clone

上述 9 个无性系数据比较散乱，专门针对生长最好的 108 和 Be 杨光响应曲线，如图 3-11 中的分图 j。光饱和点的高低直接影响苗木利用自然光照强度的潜力，在光照充足的情况下，光饱和点高的品种具有较高的潜力，这两个品种光饱和点并没有明显差异。Be 杨较 108 杨具有较低的光补偿点，且暗呼吸速率低。综合分析起来，生长速率较高无性系 108 杨在光响应曲线中的指标并不优于 Be 杨。

3.6.2　光合作用 – CO_2 响应曲线

叶片 CO_2 – 光合作用响应曲线，反应了不同 CO_2 浓度下植物的光合能力，也是一项重要的生理生态指标，对 9 个无性系的测定结果用公式（2）进行拟合，结果见表 3-21。显示无性系间 CO_2 响应曲线存在很大差异，

CO_2饱和时的 Ca 从 400～600μg/kg，Be 杨羧化速率最高为 0.28，最大净光合速率为 34.7。36 号杨羧化速率最低为 0.15，最大净光合速率为 15.8。生长最快的无性系 Be 杨和 108 杨 CO_2响应曲线见图 3-11。

表 3-21 9 个黑杨派无性系的 CO_2响应曲线特征参数

Table 3-21 Parameters of the CO_2 response curves of the 9 clones

无性系 Clone	羧化速率 Carboxylation efficiency (μmol/m²s)	最大净光合速率 PN (μmolCO_2/m²s)	CO_2饱和时的 Ca (μmol/m²s)
36 号杨	0.15	26.4	500
55 号杨	0.16	25.3	400
725 杨	0.26	28.1	500
107 杨	0.18	29.2	500
113 杨	0.19	28.7	400
108 杨	0.19	25.8	500
Be 杨	0.28	34.7	600
111 杨	0.16	27.3	400
Por 杨	0.19	28.9	500

图 3-12 为生长最快的无性系 108 和生长最慢的无性系 Be 光合作用－CO_2响应曲线的拟合曲线（a 和 b）以及羧化效率的拟合图（c 和 d）。由图可知 *Pn/Ci* 计算的叶水平的光合效率并不能表明长快慢两类的无性系生长量的差异，生长快速无性系在羧化速率、最大净光合速率、CO_2 饱和时的 Ca。尽管单位面积叶片的固碳能力是影响植物干物质的重要因素，有试验观察到净光合速率与产量紧密相关。在任何植物育种项目中，净光合速率只是与产量轻微相关。也有大量研究表明高产作物并不比低产植物单位面积的光合速率高。

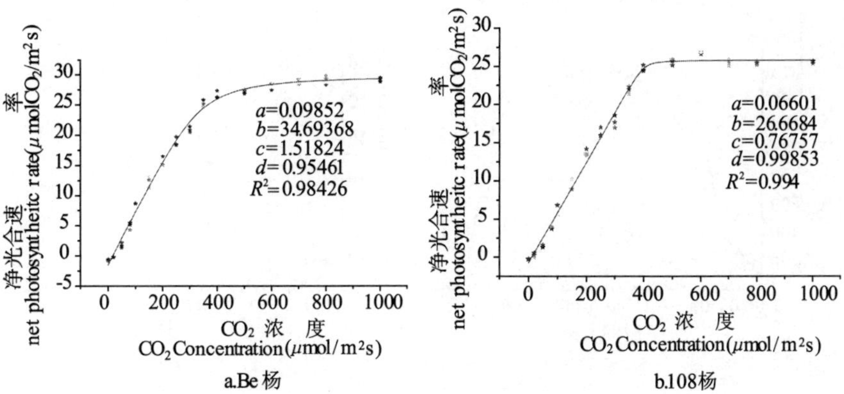

a.Be 杨　　b.108杨

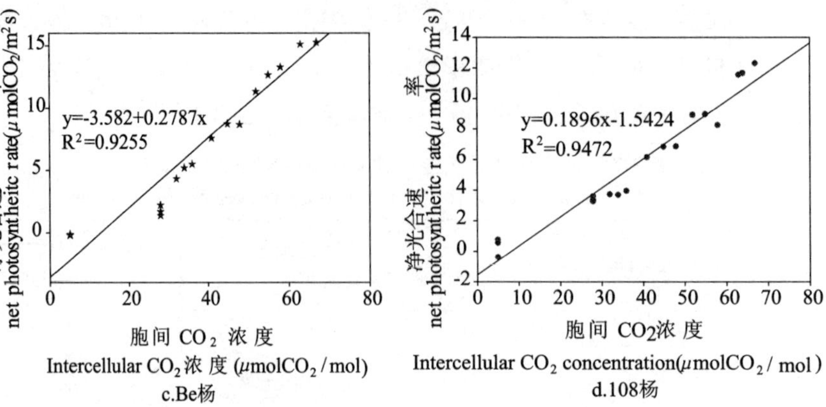

图 3-12　2 个无性系光合作用 CO_2 应曲线拟合图

Figure 3-12　CO_2 – photosynthetic rate response curves and the carbonxylation of the 2 clones

3.6.3　光合能力日变化

图 3-13 是气体交换日进程测定的天气条件日变化（杨树生长旺盛季节 7 ~ 9 月份晴朗天气），其反应了北京试验地典型的晴天天气，能代表在杨树生长季里大多数的天气情况。光强从上午逐渐增大，到中午 12 ~ 13 点达到最大值，约 1600μmol/m^2s，随后逐渐下降。随着光强的变化，气温逐渐上升，到 13 ~ 14 点达到最大，随后略有下降，但降幅不大。空气的相对温度则在 8：30 前迅速增大到一天中的最大值，随后迅速下降，直到缓和并达到一日的最低水平。大气汽压则表现为直线增加，说明在温度和大气湿度的变化下，大气水蒸汽分压与饱和蒸汽压相关越来越大，植株容易失水。

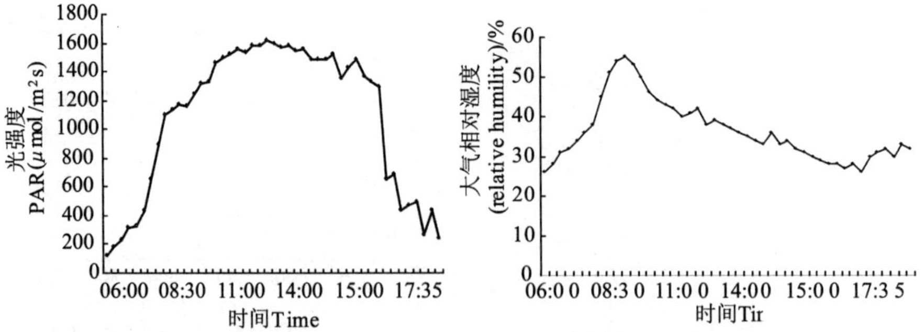

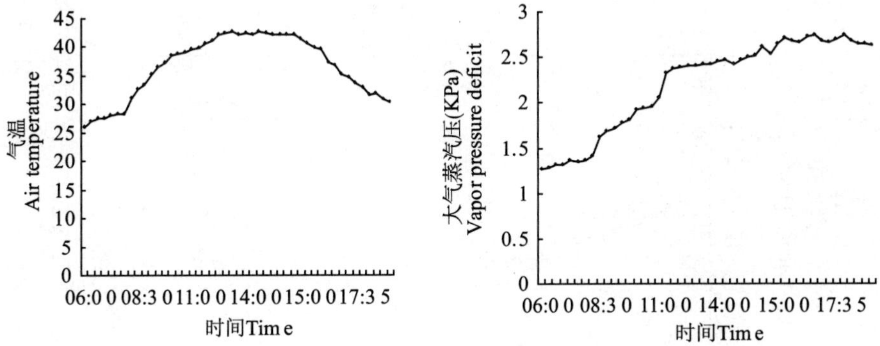

图 3-13　北京晴天气象因子日变化

Figure 3-13　Diurnal dynamics of weather factors on typical sunning day in Beijing.

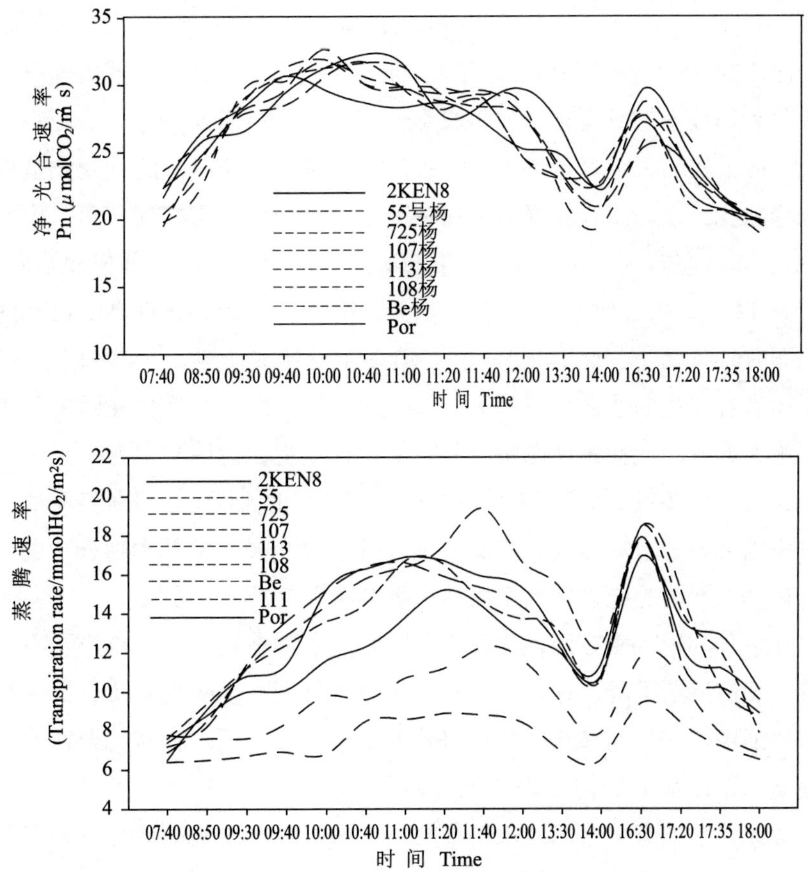

时 间 Time

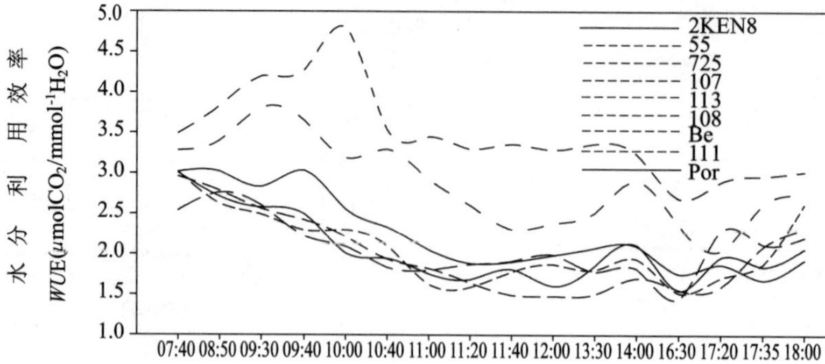

图 3-14 9 个无性系气体交换特性的日变化

Figure 3-14 Dinurnal dynamics of gas exchange characteristi cs of 9 poplar clones

图 3-14 是 9 个无性系在盆栽试验条件下的净光合速率、蒸腾速率和瞬时水分利用效率的日变化，表 3-22 列出了相应的一日平均值。从图中可以看出，在上述晴天天气条件下，9 个无性系的净光合速率的日变化呈典型的双峰曲线，第一个峰值普遍出现在上午 10 点到 11 点之间；第二个峰值出现在 16 点左右（7 月份数值，第二次高峰出现的时间随月份而不同，8 月份是 14 点，9 月份 12 点。我们认为，第二次净光合速率高峰出现的时间与当时气象因子变化有关），并且第一个峰值大于第二个峰值。从各无性系净光合变化曲线的分布和绝大部分的无性系净光合变化曲线的分布来看，绝大部分的无性系动态曲线分布都比较集中，说明它们在一天中的净光合速率比较接近，但是 55 号杨则显著高于其他无性系。蒸腾速率的日变化过程也表现为双峰曲线，峰值出现时间与净光合速率基本吻合。但与净光合速率不同的是绝大多数无性系的第二峰值大于第一峰值。

在水分利用效率方面，几乎所有的无性系都是在早上 9 点半左右达到高峰，然后逐渐下降。这是由于光合速率从早到晚呈降低趋势，而蒸腾速率却逐渐增加，从而导致水分利用效率从早到晚降低。相对光合速率和蒸腾速率来说，水分利用效率在无性系间的差异相对较大，从图中可以看出，各无性系动态分布曲线比较分散。从中可以看出不同无性系的水分利用效率与相应的蒸腾速率呈负相关（$r^2 = 0.9137$，$P < 0.01$），而与净光合

速率并不相关，因此可以认为无性系间水分利用效率的差异是由于它们蒸腾速率差异造成的，这是由于无性系间蒸腾速率的差异远大于光合上的差异。

净光合速率、蒸腾速率和瞬时水分利用效率的日变化说明：在早晨，气温较低，大气湿度较大，光照较强，大气蒸汽压亏缺小，这样的天气条件有利于气孔开放和光合作用。随着光照强度增加，气温升高，大气湿度迅速降低，蒸汽压亏缺增大，植株的蒸腾作用增强，从而使水分利用效率降低。中午时，或者由于高温、高光强，或者土壤水分亏缺导致净光合速率、蒸腾速率和水分利用效率下降。下午时，光强逐渐下降，但气温仍然较高，大气湿度达到最低水平；蒸汽压亏缺继续增加。这种天气条件更有利于蒸腾作用，从而使蒸腾速率的第二个峰值比上午的还高，结果导致水分利用效率的进一步下降。

表 3-20　9 个无性系气体交换日进程中光合速率、蒸腾速率和水分利用效率的平均值比较

Table 3-20 The means of photosynthesis rate, transpiration rate and WUE in diurnal process.

无性系 Clone	*Pn* $\mu mol\ CO_2/m^2s$	*Tr* $mmol H_2O/m^2s$	*WUE* $\mu mol CO_2/mmol\ H_2O$
36 号	26. 21	12. 03	2. 25
55 号	28. 43	12. 06	2. 47
725	25. 62	12. 89	2. 07
107	26. 49	9. 40	2. 88
113	26. 01	12. 88	2. 08
108	26. 17	7. 59	3. 48
Be	26. 05	13. 73	2. 00
111	25. 84	13. 06	2. 06
Por	26. 45	13. 38	2. 03
Min	25. 62	7. 59	2. 00
Max	28. 43	13. 73	3. 48
Mean	26. 3633	11. 8911	2. 3689
CV.	3. 1	17. 3	21. 3

3. 6. 4　光合能力的季节性变化

不同无性系的净光合速率季节性变化不大，高峰期出现在 7 月上旬 ~8

月下旬。但是光合能力的季节变化明显不同，Por 杨光合能力高峰期出现在6月下旬和9月上旬，即速生期初期和晚期。其他无性系出现在7月上旬-8月上旬，不同无性系净光合速率的年均值明显不同（$F<0.05$）（表3-22），725 杨最大为 13.58μmolCO_2/m^2s，Por 最小为 9.65μmolCO_2/m^2s，从大到小排列顺序依次为 725 杨、55 号杨、111 杨、Be 杨、36 号杨，107 杨、108 杨、113 杨和 Por 杨。不同无性系净光合速率的年均值明显不同光合（$F<0.05$），其大小顺序为 55 号杨、Be 杨、725 杨、Por 杨、113 杨、111 杨、108 杨、36 号杨和 107 杨，其值分别为 20.57、19.90、19.13、19.1、18.40、17.76、17.65、17.55、14.40μmolCO_2/m^2s。

光合能力是指在饱和光强下，植物在最适宜的温度、湿度以及大气CO_2浓度情况下，单位叶面积的净光合速率值（李博，1980）。与正常情况下的光和速率明显不同，光合能力大于净光合速率，因此光合能力和正常情况下净光合速率之间的差异能够很好地反映植物的光合潜力。表3-20表明，不同无性系得光合潜力明显不同。Be 杨、Por 杨、113 杨具有相对较高的光合潜力，而 107 杨、725 杨和 111 杨具有相对较低的光合潜力。大部分无性系光合能力高峰出现的时间主要集中在 10：00～12：00。

表 3-21 9个无性系气体交换特征的年均值

Table 3-21 The annual gas exchange of the 9 clones

无性系 Clone	年均光合速率 (μmolCO_2/m^2s)	年光合能力 (μmolCO_2/m^2s)	光合潜力 (μmolCO_2/m^2s)	年均蒸腾速率 (mmol/m^2s)	年均水分利用效率 (μmol/mmol)
36号杨	10.56	17.55	6.99	5.07	2.08
55号杨	13.2	20.57	7.37	4.86	2.72
725杨	13.58	19.13	5.55	4.12	3.3
107杨	10.38	14.4	4.02	2.88	3.35
113杨	10.15	18.4	8.25	4.28	2.37
108杨	10.27	17.65	7.38	3.33	3.08
Be杨	11.08	19.9	8.82	4.98	2.22
111杨	11.65	17.76	6.12	4.05	2.88
Por杨	9.65	19.1	9.45	4.28	2.42

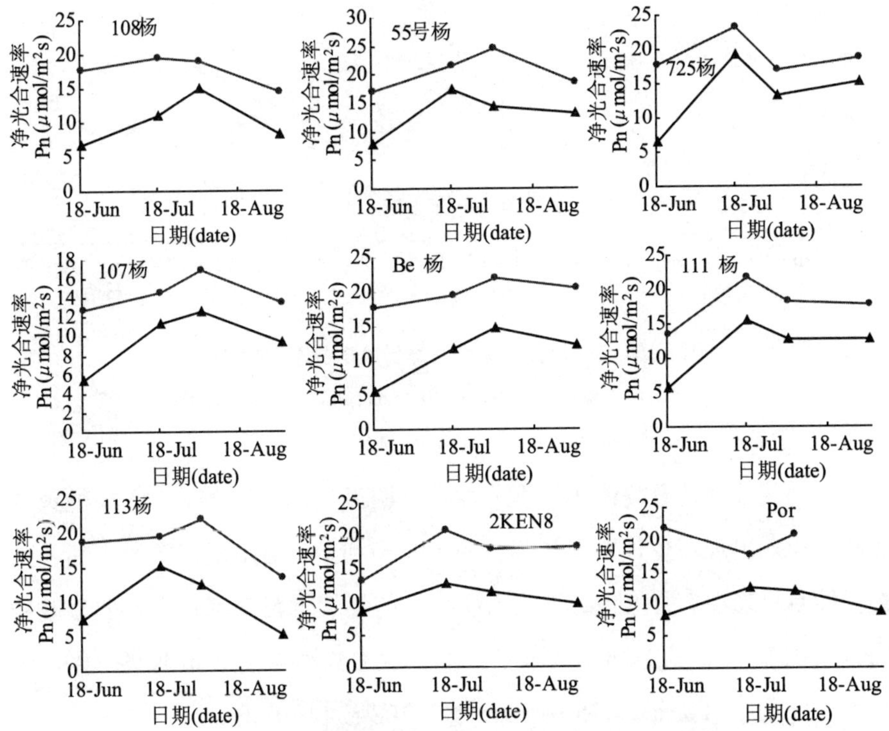

图 3-15　9 个黑杨派无性系净光合速率的季节性变化
Figure 3-15　Seasonal changes in net photosynthesis rates and the photosynthesis capacity of 9 clones.

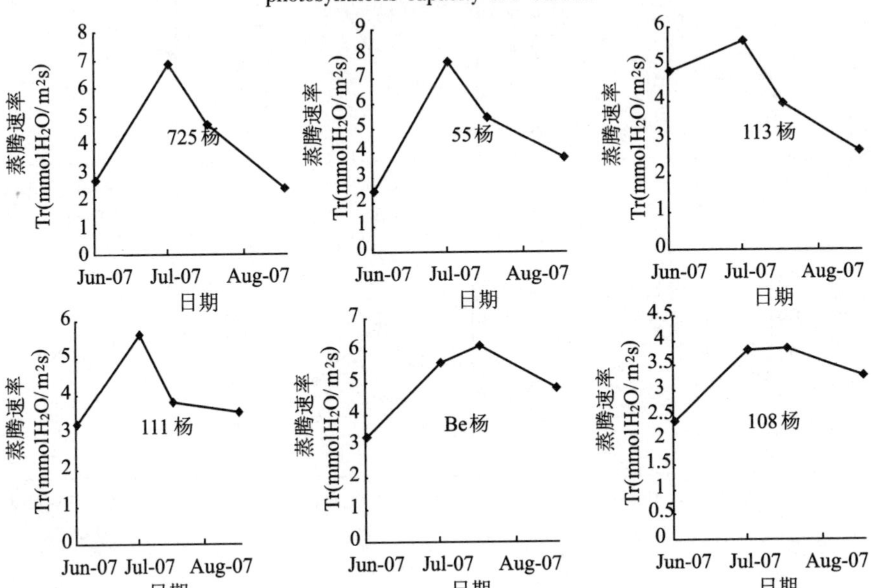

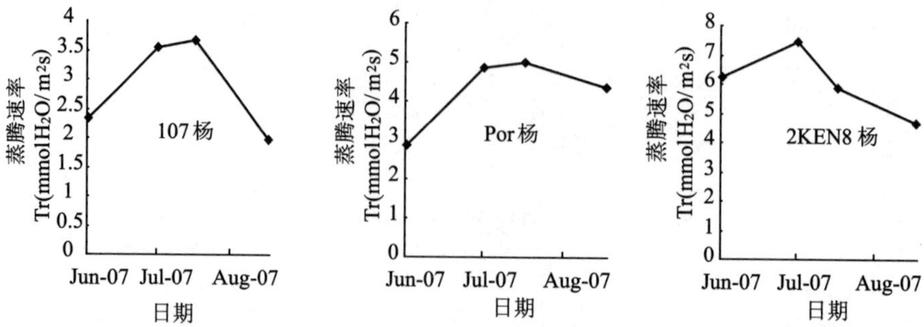

图 3-16　9 个黑杨派无性系蒸腾速率的季节性变化

Figure 3-16　Seasonal changes in transipiration rate and the photosynthesis capacity of 9 clones.

不同无性系的蒸腾速率的季节性变化明显不同，36 号、113 杨杨蒸腾速率高峰期出现在生长季节初起，而 108 杨和 Por 则出现在 7 月下旬，其余无性系出现在 7 月上旬。不同无性系间的年均蒸腾速率存在着明显差异（$F<0.01$），其变化范围为 2.88 ~ 5.07，从大到小依次为 36 号杨、Be、55 号杨、113 杨、Por 杨、725 杨、111 杨、108 杨和 107 杨。

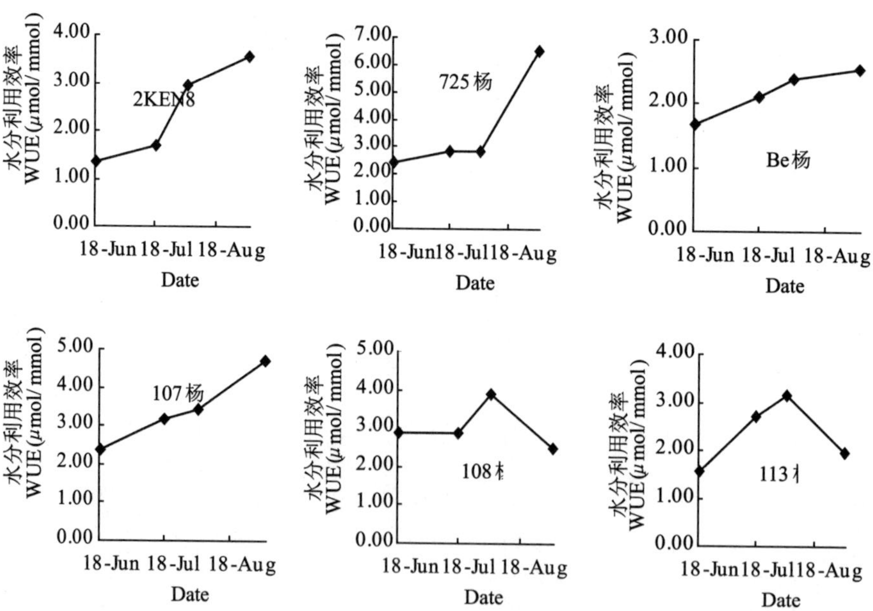

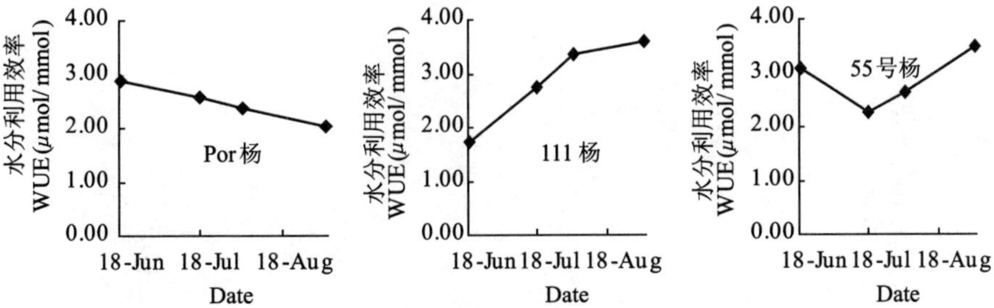

图 3-17 9 个黑杨派无性系水分利用效率的季节性变化

Figure 3-17 Seasonal changes in water use efficiency a 9 clones.

不同无性系水分利用效率的季节性变化明显不同（图 3-17）。9 个无性系中，725 杨、2K2N8 杨、111 杨的水分利用效率季节性变化起伏较大，2K2N8 杨在整个生长季节水分利用效率保持缓慢增长；而 111 杨水分利用效率则在速生前期迅速增长，后期则增长较缓慢；725 杨水分利用效率则是前期变化缓慢，随着苗木生长，水分利用效率后期迅速增加，达到整个生长季节的最高值。其他无性系水分利用效率起伏不大，无性系间的年均水分利用效率差异显著（表 3-21）$F<0.01$，从大到小排列顺序依次为 107 杨、725 杨、108 杨、111 杨、55 杨、Por 杨、113 杨、Be 杨和 36 号。

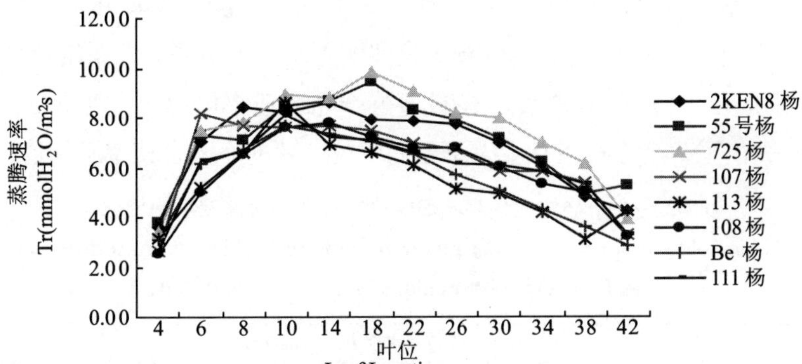

a

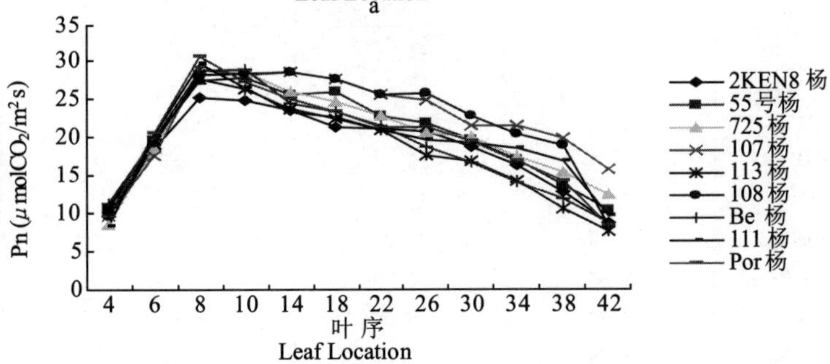

b

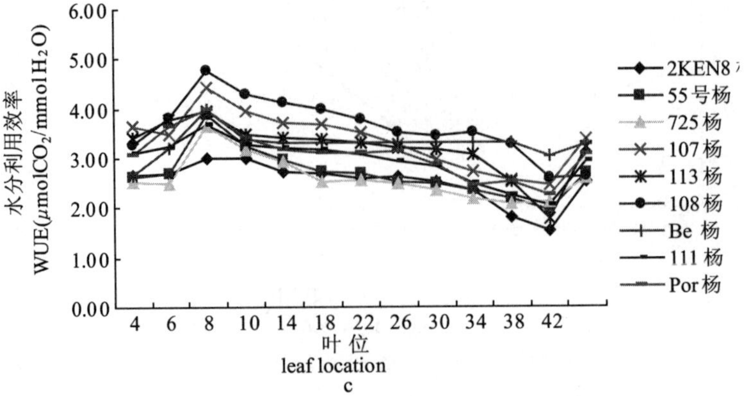

图 3-18　9 个黑杨派无性系不同叶位叶片气体交换特性变化

Figure 3-18　leaf gas exchange changes with leaf location of 9 clones.

3.6.5　不同叶位叶片的气体交换

大多数无性系的净光合速率最高的叶片是在第 8 ~ 10 片，不同无性系差别不大。但是不同无性系在净光合速率达到最高以后，有的无性系可以在其下的 10 ~ 15 片维持高的光合速率，如 107 杨和 108 杨，其第 5 ~ 35 叶的光合速率均在 20μmolCO$_2$/m^{2}s，而有的无性系仅能在少数几个叶片维持高的光合速率，如 113 杨和 Be 杨，这些实际反应了不同无性系维持高光效的时间差异，叶片的寿命长，有利于植株光合速率的提高，生长也较快，表3-22列出了 9 个无性系从上至下不同叶位叶片的净光合速率平均值。

表 3-22　9 个杨树无性系不同叶位叶片净光合速率平均值比较

Table 3-22 Comparison on net photosynthesis rate of leaves from different leaf location of 9 poplar clones given condition

无性系	净光合速率 *Pn*（μmolCO$_2$/m^{2}s）			
Clone	CV（%）	Min	Max	Mean
36 号杨	8. 64	25. 26	18. 45	30. 31
55 号杨	10. 29	27. 43	20. 18	30. 82
725 杨	8. 57	28. 66	20. 29	30. 81
107 杨	9. 62	28. 84	22. 46	26. 68
113 杨	7. 63	27. 53	18. 2	35. 16
108 杨	8. 39	28. 24	21. 95	31. 85
Be 杨	8. 64	28. 78	19. 02	35. 33
111 杨	8. 29	29. 57	19. 63	31. 07
Por 杨	8. 29	30. 56	19. 82	33. 73

表 3-23　9 个杨树无性系不同叶位叶片蒸腾速率平均值比较

Table 3-23　Comparison on transpiration rate of leaves from different leaf location of 9 poplar clones under given condition

无性系	蒸腾速率 TR（$mmol/m^2s$）			
Clone	Max	Min	Mean	CV%
36 号杨	3.59	8.64	6.8	23.9
55 号杨	3.82	9.43	7.07	27.1
725 杨	3.42	9.82	7.39	28.4
107 杨	2.64	8.21	6.29	30.2
113 杨	3.11	8.63	5.41	28.6
108 杨	2.55	7.84	5.84	30.9
Be 杨	2.84	7.68	5.52	26.4
111 杨	2.68	8.12	5.96	27.2
Por 杨	3.15	8.53	6.27	23.9

表 3-24　9 个杨树无性系不同叶位叶片蒸腾速率平均值比较

Table 3-24　Comparison on transpiration rate of leaves from different leaf location of 9 poplar clones under given condition

无性系	水分利用效率 WUE（μmol/mmol）			
Clone	Max	Min	Mean	CV%
36 号杨	1.54	3.00	2.5125	19.1
55 号杨	1.95	3.87	2.6900	25.3
725 杨	2.09	3.66	2.5892	21.1
107 杨	2.47	4.42	3.3675	34.3
113 杨	1.78	3.94	3.2025	32.5
108 杨	2.59	4.78	3.7025	31.9
Be 杨	2.65	3.99	3.2758	8.9
111 杨	2.04	3.69	2.9400	22.0
Por 杨	2.25	3.98	3.0567	24.3

从表 3-22 中可以看出，在整株水平，不同无性系从上至下不同叶位叶片的净光合速率的差异很大，最大为 108 杨，为 24.57$\mu molCO_2/m^2s$，最小为 Be 杨 17.61$\mu molCO_2/m^2s$，相差 31%，随着叶龄的增大，叶片的净光合速率的变异系数差异很大，最大为 Be 杨，最小为 107 杨。该变异系数越小，说明叶片随叶龄的增大光合的变化比较缓慢，或者说叶片保持高光效的时间更长，这有利于植株的生长。

（1）蒸腾速率：从新生叶片到成熟叶片（1～8），叶片的蒸腾速率迅速增大，此后处于高光合、高蒸腾阶段。随着叶片的衰老蒸腾强度维持在较高水平；出现低光合速率、高蒸腾速率的现象，这可能是气孔老化，调空能力下降引起的。表3-23列出了9个无性系的蒸腾速率，最大的是725杨，为7.39mmol/m^2s，最小的是113杨5.41mmol/m^{-2}s；从变异系数来看，单株的蒸腾速率的变化比光合速率要小，说明叶龄的增大对光合作用的影响大于对蒸腾速率的影响。

（2）水分利用效率：随着叶龄的增大，杨树叶片的水分利用效率呈明显的上升－下降趋势，这是由于在新生叶片向成熟叶过渡中，光合速率的增加速率超过蒸腾速率的增加，从而使水分利用效率上升；随着叶片从成熟走向衰老，光合作用迅速下降，而蒸腾速率却维持在高水平，从而导致水分利用效率的迅速下降，各无性系水分利用效率变化见表3-24。3个美洲黑杨的蒸腾速率较其他欧美杨无性系更高，水分利用效率也相对较低，说明他们可能是较适宜水分充足的南方地区。

3.6.6 功能叶

表3-25 9个杨树无性系功能叶气体交换特性比较

Table 3-25 Comparison on gas exchange characteristics of fully expansion leaves of 9 poplar clones under given condition

无性系 Clone	净光合速率 Pn（$\mu molCO_2/m^2s$）	蒸腾速率 TR（$mmol/m^2s$）	水分利用效率 WUE（$\mu mol/mmol$）
36号杨	25.26	9.67	2.61
55号杨	27.43	8.94	3.07
725杨	28.66	8.29	3.46
107杨	28.84	6.82	4.23
113杨	27.53	7.89	3.49
108杨	28.24	6.75	4.18
Be杨	28.78	7.04	4.09
111杨	29.57	7.92	3.73
Por杨	30.56	9.15	3.34
Max	30.56	9.67	4.23
Min	25.26	6.75	2.61
Mean	2.61	7.27	2.95
Cv（%）	5.3%	13.1%	15.1%

因为功能叶片对植株的生长影响最大，在对不同叶位叶片的气体交换过程测定的基础上，专门针对功能叶（第7～10）的气体交换特点进行比较，在所采用的试验条件下（$PAR=700\mu mol/m^2s$，参比 CO_2 浓度 $400\mu g/g$，大气温度35℃，相对大气湿度约60%），所有无性系的净光合速率差异不大，净光合速率值在23.72～27.29$\mu molCO_2/m^2s$，平均值为25.84$\mu molCO_2/m^2s$，变异系数为4.4%；蒸腾速率最小的为108杨为3.86$mmol/m^2s$，最大的为725杨6.28$mmol/m^2s$，变异系数为16.5%；9无性系的瞬时水分利用效率平均值为5.11，变异系数为18.3，不同水分利用效率的差异主要是由蒸腾速率引起的，功能叶的（*WUE*）差异主要是由于蒸腾速率的差异引起的，因为相关分析表明，功能叶的（*WUE*）与净光合速率相关性不显著，与蒸腾速率极显著相关。

净光合速率、蒸腾速率和水分利用效率与无性系的生长量的相关性分析表明：功能叶气体交换特性与苗高、地径、生物量等指标并不相关（表3-26）。

表3-26　光合、蒸腾和水分利用效率与生长的相关性分析（Pearson Correlation）

Table 3-26　Analysis of pearson correlation between some physiological parameters (photosynthesis, transpiration and water use efficiency (*WUE*)) and growth

		净光合速率 *Pn* ($\mu molCO_2/m^2s$)	蒸腾速率 *TR* ($mmol/m^2s$)	苗高 *H*	地径 *BD*	生物量 *B*	茎容量指数 *VI*
不同叶位	净光合速率 *Pn* ($\mu molCO_2/m^2s$)	1	\	0.731(*)	0.721(*)	0.752(*)	0.733(*)
	蒸腾速率 *TR* ($mmol/m^2s$)	0.158	1	0.191	0.348	0.124	0.202
	水分利用效率 *WUE* ($\mu mol/mmol$)	0.489	−0.754（*）	0.235	0.108	0.305	0.232
功能叶	净光合速率 *Pn* ($\mu molCO_2/m^2s$)	1	\	0.393	0.372	0.375	0.401
	蒸腾速率 *TR* ($mmol/m^2s$)	−0.334	1	−0.093	−0.019	−0.138	−0.092
	水分利用效率 *WUE* ($\mu mol/mmol$)	0.559	−0.964（**）	0.236	0.157	0.270	0.234

（续）

		净光合速率 *Pn* ($\mu molCO_2/m^2s$)	蒸腾速率 *TR* ($mmol/m^2s$)	苗高 *H*	地径 *BD*	生物量 *B*	茎容量指数 *VI*
日均值	净光合速率 *Pn* ($\mu molCO_2/m^2s$)	1	\	0.089	0.095	0.216	0.082
	蒸腾速率 *TR* ($mmol/m^2s$)	-0.097	1	-0.567	-0.527	-0.608	-0.569
	水分利用效率 *WUE* ($\mu mol/mmol$)	0.196	-0.987（**）	0.559	0.524	0.616	0.563
年均值	净光合速率 *Pn* ($\mu molCO_2/m^2s$)	1	\	-0.161	0.019	-0.187	-0.138
	蒸腾速率 *TR* ($mmol/m^2s$)	0.257	1	-0.612	-0.564	-0.610	-0.615
	水分利用效率 *WUE* ($\mu mol/mmol$)	0.366	-0.801（**）	0.536	0.605	0.510	0.554

3.6.7 气体交换特征与杨树生长的关系

不同叶位、功能叶的净光合速率、蒸腾速率和水分利用效率以及这 3 项指标的日均值和年均值与生长量的相关分析表明：除不同叶位叶片的净光合速率平均值与 1 年生植株的苗高、地径、生物量以及茎容量指数相关外，功能叶、日均值以及年均值的这 3 项生理指标与无性系在第 1 年生长性状相关性均不显著。这说明：①直接用光合速率评价和预测植物的速生水平是不妥的。②蒸腾速率和水分利用效率与生长相关性不显著说明：选育高产和高水分利用效率的杨树无性系是可行的。

3.7 显微结构

由于 9 个无性系数值分布的连续性，或考虑到结果会呈现无规律性，因此只选择生长快的无性系 107 杨、108 杨和生长慢的无性系 Be 杨为对象，进行显微结构的比较，结果如下。

3.7.1 气孔频度、大小

表 3-27 气孔频度、气孔大小测定表

Table 3-27 Measured values of stomata frequency and size

无性系 Clone	*NSAB* （个/mm²）	*NSAD* （个/mm²）	气孔频度 （个/mm²）	上/下	气孔长轴 （μm）
107	211	135a	346a	0.64a	74a
108	234	138a	372a	0.59a	67a
Be	227	82b	309b	0.36b	85b

表 3-28 气孔频度单因素方差分析

Table 3-28 Variance and analysis of the stomata frequency

性状 traits	平方和 *SS*	均方 *MS*（subject）	剩余项均方 *MS*（error）	*F* 值 *F*	显著性水平 Sig
气孔频度 （*F*）	10023.333	5011.667	400.000	12.529	0.001
叶正面气孔数 *NSAD*	9923.333	4961.667	256.667	19.331	0.000
叶背面气孔数 *NSAB*	1390.000	695.000	441.167	1.575	0.247
正反面气孔数比 *D/ B*	0.230	0.115	0.012	9.849	0.003
气孔长轴 Stomatal size	823.333	411.667	19.000	21.667	0.000

由表 3-27、3-28 可看出，上表皮气孔数、无性系间气孔频度、上/下、气孔长轴等指标存在显著差异，但下表皮气孔数没有明显差异。无性系间气孔特性的差异将直接影响叶片的光合速率和蒸腾速率，进而影响水分利用效率和产量。本研究中生长快的无性系 107 杨和 108 杨，上表皮气孔数多，气孔小，上下比较大；生长较慢的无性系 Be 杨上表皮气孔数少，气孔大，上下比较小。3 个无性系气孔形态及其他表皮形态基本一致，没有质的差别，只有量的差别。

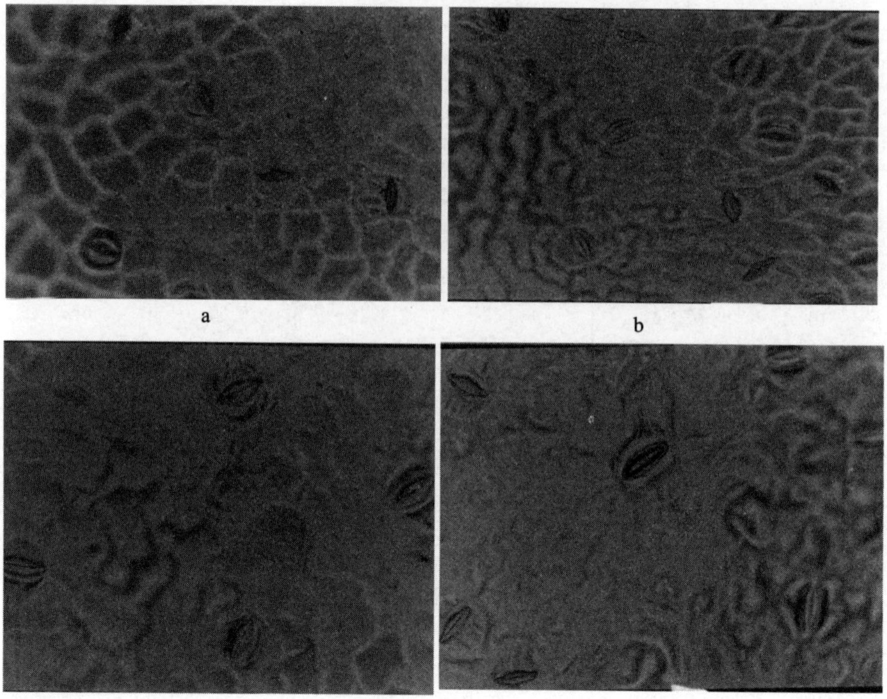

a b c d

图 3-19 无性系气孔大小、频度及表皮细胞大小与密度。
a. Be 杨上表面气孔及表皮细胞大小与密度，
b. Be 杨下表面气孔及表皮细胞大小与频度，
c. 108 杨上表面气孔及表皮细胞大小与密度，
d. 108 杨下表面气孔及表皮细胞大小与密度（放大倍数 450 倍）。

Figure 3-19 Stomatal size, frequency and epdimal cell area and number per leaf (×450)
a. Stomatal and epidermal size and density of ‘Be’ on the adaxial side of leaves.
b. Stomatal and epidermal size and density of ‘Be’ on the abaxial side of leaves.
c. Stomatal and epidermal size and density of ‘108’ on the adaxial side of leaves.
d. Stomatal and epidermal size and density of ‘108’ on the abaxial side of leaves

表 3-29 气孔性状间的相关性

Table 3-29 Correlations between the stomata traits

	气孔长轴 Stomatal length	叶正面气孔数目 *NSAD*	气孔频度 *F*	叶背面气孔数目 *NSAB*	正反面气孔数比 *D/B*
气孔长轴 Stomatal length	1	−0.724 (**)	−0.587 (*)	0.137	−0.642 (**)
		0.002	0.021	0.627	0.010
叶正面气孔数 *NSAD*	−0.724 (**)	1	0.761 (**)	−0.261	0.931 (**)
	0.002		0.001	0.348	0.000

（续）

	气孔长轴 Stomatal length	叶正面气孔数目 *NSAD*	气孔频度 *F*	叶背面气孔数目 *NSAB*	正反面气孔数比 *D/B*
气孔频度 *F*	-0.587（*）	0.761（**）	1	0.427	0.479
	0.021	0.001		0.112	0.071
叶背面气孔数 *NSAB*	0.137	-0.261	0.427	1	-0.584（*）
	0.627	0.348	0.112		0.022
正反面气孔数比 *D/B*	-0.642（**）	0.931（**）	0.479	-0.584（*）	1
	0.010	0.000	0.071	0.022	

* Correlation is significant at the 0.05 level (2 - tailed)　** Correlation is significant at the 0.01 level (2 - tailed)

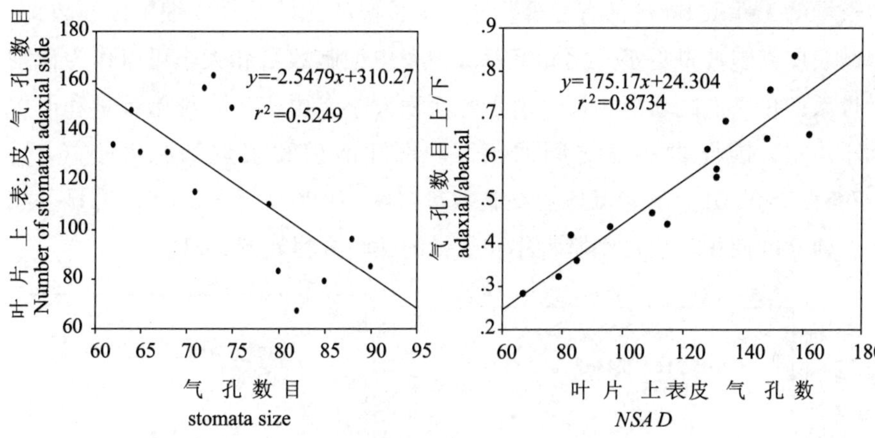

图 3-20　气孔性状之间的回归方程

Figure 3-20　Regression equation between Stomatal traits

从表 3-29 可以看出正面气孔数量与气孔长度成负相关（$P<0.01$），可建立两者之间的线形回归方程 $y=2.5749x+310.27$（$r^2=0.5249$）。正面气孔数量与上/下成正相关（$P<0.01$），说明影响叶片气孔上下比最主要因素是叶片上面气孔数量，两者之间线性回归方程为 $y=175.17x+24.304$（$r^2=0.8734$）（见图 3-20）。

3.7.2 表皮细胞大小与数量

表 3-30 表皮细胞数目与表皮细胞面积大小测定表

Table 3-30 Measured values of epidermal cell area and number per leaf

无性系 Clone	表皮细胞数目 Epidermal cell number（$\times 10^6$）	表皮细胞大小 Epidermal cell area size（μm^2）
107 杨	1024. 5a	1071a
108 杨	1129a	1051a
Be 杨	862b	892b

研究结果表明，生长快的无性系 107 杨和 108 杨表皮数量和大小都较生长慢的无性系 Be 杨都有显著差异，生长快的无性系表皮细胞面积较大，单叶表皮细胞数量更多，因此笔者认为表皮细胞数目和大小可以作为识别无性系产量高低的参考指标。由于叶面积大小是由于表皮细胞数量和面积大小决定，因此做三者之间回归，发现叶面积和表皮细胞大小（$R = 0.796$，$P < 0.01$）和单叶表皮细胞数量（$R = 0.963$，$P < 0.01$）都显著相关，建立叶面积与表皮细胞大小和数量的回归方程如图 3-21。

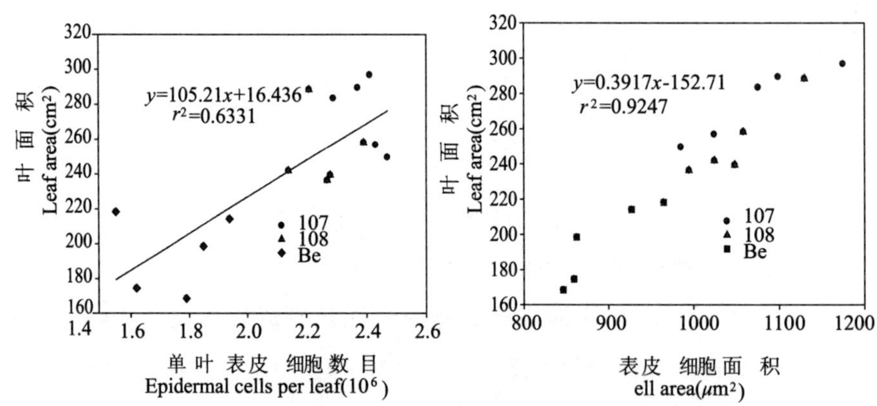

图 3-21 3 个无性系叶面积与表皮细胞数量和面积的回归方程

Figure 3-21 The linear regression between leaf area, epidermal cell number per leaf and epidermal cell size

3.7.3 栅栏组织与海绵组织比

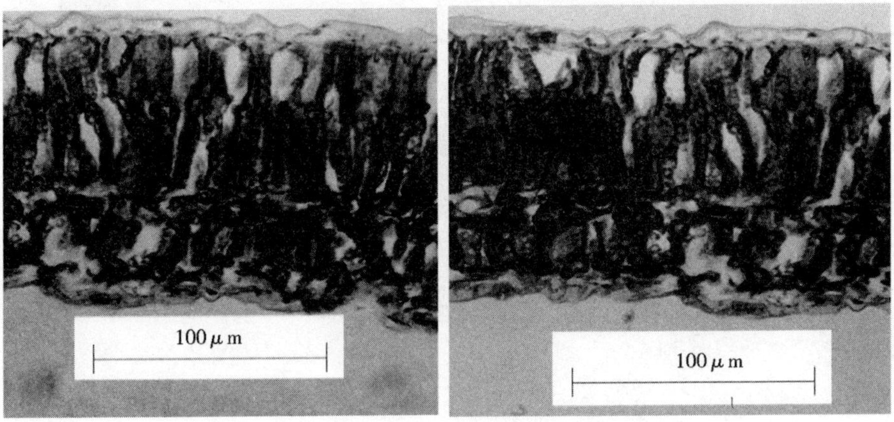

图 3-22　2 个无性系叶肉细胞横切面

Figure 3-22　The cross section of 2 clones mesophyll cell

表 3-31　海绵组织厚度与栅栏组织厚度测定表

Table 3-31　The thickness of palisade tissue and spongy tissue

	栅栏组织厚度 *TP*		海绵组织厚度 *TS*	
	Means（μm）	*CV*	Means（μm）	*CV*
107 杨	87.6a	5.49	31.0a	11.2
108 杨	89.6a	7.68	28.9a	14.3
Be 杨	65.4b	5.61	29.4a	5.43

本实验研究结果表明，生长快的无性系栅栏组织厚度较生长慢的无性系有显著差异，无性系之间海绵组织厚度之间无显著差异；生长快的无性系栅栏组织也厚，可以作为识别无性系产量高低的一个指标。

3.7.4 叶肉细胞内叶绿体数目与大小

表 3-32　3 个无性系叶绿体百分含量和直径

Table 3-32　Comparison relative number and diameter of chloroplast

叶绿体	Be 杨	107 杨	108 杨
百分含量（%）	78	97	100
直径（μm）	6.1	5.1	5.3

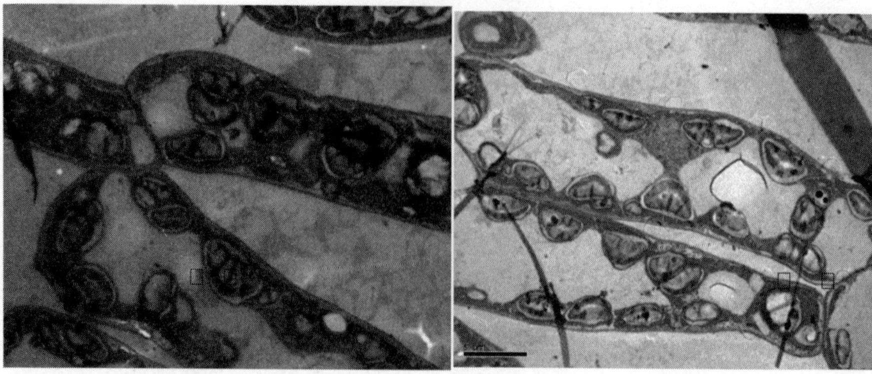

□Be□　　　　□108□

图 3-23　2 个无性系叶肉细胞叶绿体超微结构（3000 倍）

Figure 3-23　The ultra microstructure of chloroplast of 2 clones mesophyll cell（×3000）

本实验研究结果表明，生长快无性系叶肉细胞中叶绿体数目和大小较生长慢的无性系有显著差异；生长快的无性系叶肉细胞中叶绿体数目更多更小，生长慢的无性系叶绿体大而少，因此叶肉细胞中叶绿体数目和大小可以作为识别无性系产量高低的一个参考指标。

3.8　生化指标的差异

3.8.1　非结构性碳水化合物含量与生长季节初期生长量的关系以及季节性变化

杨树是我国北方地区栽培最广泛的树种，主要依靠插穗无性繁殖，但是，目前有关插穗繁殖过程中的碳水化合物含量的季节性变化以及非结构性储藏物质对于无性系物候及生长量影响的研究还没有报道。本文主要根据非结构性的碳水化合物（可溶性糖和淀粉）在植物体中的生理作用，以已知的优良无性系幼苗为试材，用已知生长较差无性系作为对照。对其根和茎中可溶性糖和淀粉含量的季节性变化进行比较研究，探索非结构性储藏物质含量与幼苗生长潜势的关系及以此作为黑杨派杨树早期生化预测指标的可能性。

3 个无性系插条非结构性碳水化合物含量见表 3-33。虽然 107 杨、108 杨较 Be 杨高，但方差分析结果表明三者之间并无差异。

表 3-33　3 个无性系插穗扦插前非结构性碳水化合物含量比较

Table 3-33　Comparison on total non－structural carbohydrate content of 3 clones

无性系 clone	107 杨	108 杨	Be 杨
T. N. C	15. 8 ±2. 6	17. 2 ±3. 4	14. 9 ±3. 7

表 3-34　3 个无性系插穗扦插前非结构性碳水化合物方差分析

Table 3-34　One way ANOVA of total non－structural carbohydrate content

误差来源	平方和	自由度	均方	*F*	Sig.
无性系间	10. 640	2	5. 320	1. 834	0. 215
无性系内	26. 100	9	2. 900		
总	36. 740	11			

研究结果表明：扦插前插条内非结构性碳水化合物含量与插条萌条数没有线性相关性，但是每一个萌蘖条干物质重与非结构性碳水化合物含量和萌条数都具有显著的相关性，并建立线性回归方程：

$$Y = 54.968 + 9.94X_1 - 17.444X_2 \quad (P < 0.01)$$

即：干物质重/萌条（mg）＝54. 968 ＋9. 94 ×糖含量 －17. 444 ×萌条数（$P < 0.01$）

这个回归方程说明，糖含量越高，每个萌条的干重就会增加，而萌条数越多，平均每个萌条的干物质重量就会减少。

表 3-35　插穗扦插前非结构性碳水化合物含量与萌条数以及每个萌条干重的相关性分析

Table 3-35　The correlation between total non－structural carbohydrate content, number of shoot from per cutting and dry weight of each shoot

	非结构性碳水化合物含量 T. N. C	每个插穗的萌条数 NO. /C	每个萌条干重 D. W/C
非结构性碳水化合物含量	1	0. 716	0. 005
T. N. C		0. 007	0. 987
每个插穗的萌条数	0. 716	1	－0. 766（**）
NO. /C	0. 007		0. 004
每个萌条干重	0. 005	－0. 766（**）	1
D. W/C	0. 987	0. 004	

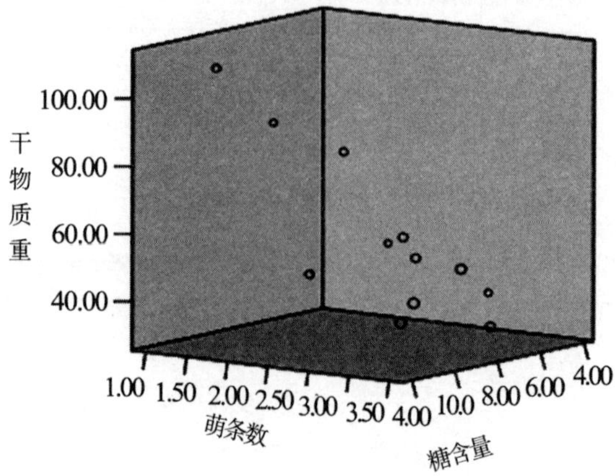

图 3-24 插穗碳水化合物含量与萌条数以及
每个萌条干重的三维关系图

Figure 3-24 3D graph of total non - structural carbohydrate
content with number of shoot and dry weight of each shoot

但是结合物候期观测和三个无性系生长季节初期的观测结果，发芽虽然早，但是与最终生物量的相关很小，可以认为，正是因为物候期较早，体内储藏的营养物质丰富，外界抑制生长的环境条件（日照和温度等）以及体内激素等影响因素消除后，杨树插穗可以依靠较为丰富的营养物质，迅速建立自身的营养体系，正所谓一步早，步步早，也可以说是失之毫厘，缪以千里。

在苗高达到10cm左右，尚未建立自身根系和光合系统之前（幼嫩叶片光合作用为负值），植物所有的消耗都依赖体内的可溶性糖随着植物建立自身的光合系统和根系，逐渐积累光合产物，生长旺盛的7、8月份主要储藏物质是可溶性糖，随着封顶期和落叶期的到来，植物体内淀粉含量迅速增加，在落叶前达到最高，而随着冬季来临，杨树把淀粉转化为可溶性糖以增加植物的抗冻性。植物体内的糖含量在12月低和1月初达到高峰，随后随着植物自身的呼吸作用缓慢下降。了解植物体内的糖和淀粉含量的季节性变化，对于指导生产中扦插育苗和植苗造林具有重要的意义。现在生产中有林农和基层林业技术人员提倡秋季造林，春季育苗提供了科学依据。在落叶前，杨树体内糖含量达到高峰。这时候造林，可以很好地使杨树利用充足的可溶性糖修复自身起苗时候的伤口，并能适应栽植地区的气候。

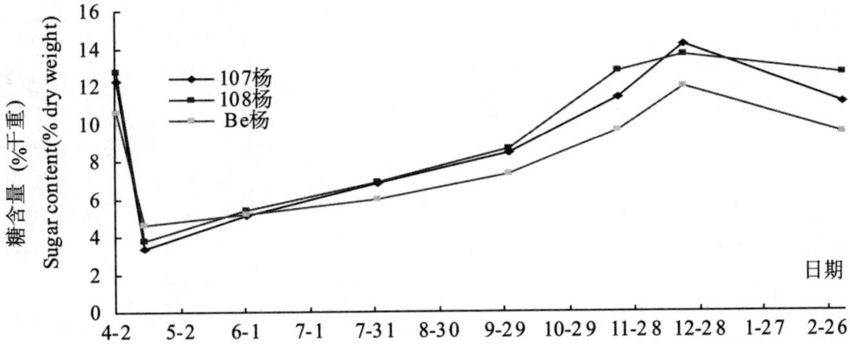

a　3 个无性系可溶性糖含量的季节性变化

Seasonal changes of soluable sugar of 3 clones

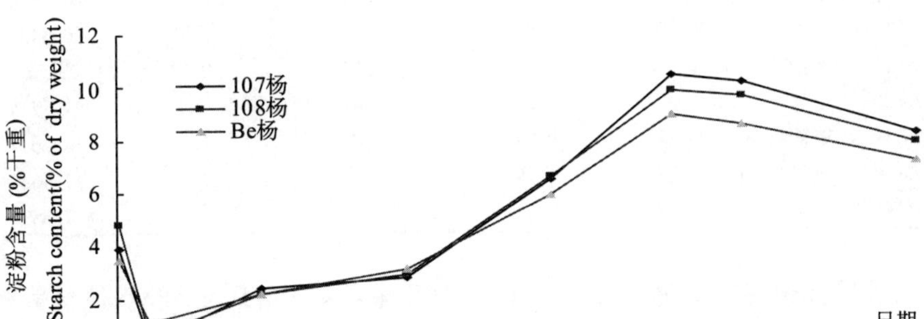

b　3 个无性系淀粉含量的季节性变化

Seasonal changes of soluable sugar of 3 clones

图 3-25　插穗碳水化合物含量季节性变化

Figure 3-25　Seasonal changes of total non – structural carbohydrate content

3.8.2 应用SPAD值预测杨树叶片叶绿素、氮含量和生长量的初步研究

3.8.2.1 相关性分析

表3-36 样本SPAD值与叶片含N量与叶绿素含量

Table 3-36 The value of SPAD with N content and cholophyll content

无性系 Clone	叶位 Leaf location	绿色度 SPAD	叶绿素a Chl. a（mg/g）	叶绿素b Chl. b（mg/g）	叶绿素 Total（mg/g）	含N量 （g/kg）
107杨	上部叶	55.29	2.89	1.04	3.93	23.5423
107杨	上部叶	47.61	2.62	0.94	3.56	21.8379
107杨	上部叶	49.58	2.74	1.02	3.76	22.7431
107杨	下部叶	34.52	1.15	0.82	1.97	18.5437
107杨	下部叶	33.84	0.96	0.81	1.77	17.4535
107杨	下部叶	36.74	1.09	0.84	1.93	17.6239
108杨	上部叶	58.21	2.64	1.12	3.76	24.3489
108杨	上部叶	49.32	2.08	1.03	3.11	22.8956
108杨	上部叶	54.58	2.33	1.07	3.4	23.8932
108杨	下部叶	38.21	1.14	0.79	1.93	17.4326
108杨	下部叶	40.28	0.89	0.83	1.72	19.2635
108杨	下部叶	39.43	1.07	0.81	1.88	20.3543
Be杨	上部叶	46.29	1.74	1.03	2.77	20.8431
Be杨	上部叶	48.54	1.78	0.93	2.71	22.158
Be杨	上部叶	45.87	1.69	0.91	2.6	21.3745
Be杨	下部叶	29.34	0.79	0.65	1.44	11.5674
Be杨	下部叶	32.25	0.78	0.66	1.44	17.4635
Be杨	下部叶	30.28	0.83	0.69	1.52	17.8432

相关分析结果表明，叶绿素a、b及叶绿素总含量都与SPAD值显著相关，相关系数见下表。

表3-37 样本SPAD值与叶片含N量与叶绿素含量相关性分析

Table 3-37 The Correlations between SPAD with N content and cholophyll content

	叶绿素a Chl. a（mg/g）	叶绿素b Chl. b（mg/g）	叶绿素 Total（mg/g）	含N量 （g/kg）
绿色度 SPAD	0.917（**） 0.000	0.954（**） 0.000	0.938（**） 0.000	0.918（**） 0.000

** Correlation is significant at the 0.01 level（2－tailed）. N = 18

利用 18 个样本来绘制 SPAD 值与叶绿素 a、b 和叶绿素总含量以及 N 含量的关系图，并对它进行拟合，所得结果如图 3-26：

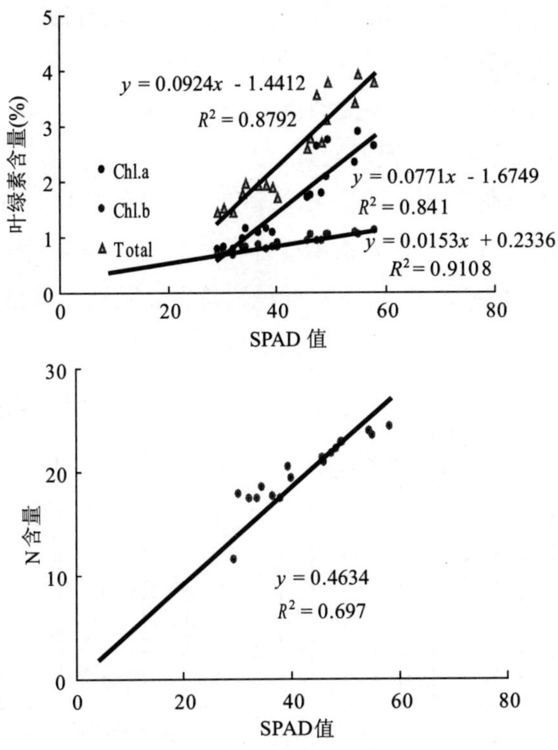

图 3-26　样本 SPAD 值与叶片含 N 量与叶绿素含量相关性分析

Figure 3-26　The linear regression of the value of SPAD with N content and cholophyll content

从图 3-26 中可知，无性系叶片的 SPAD 值与绿素 a、b 和叶绿素总含量以及 N 含量呈线性关系，拟合后 SPAD 值与叶绿素 a、b 和叶绿素总含量以及 N 含量的数学关系模型可以用下式来表示：

$y = 0.0071x - 1.6749 \quad R^2 = 0.841$

$y = 0.0153x + 0.2336 \quad R^2 = 0.9108$

$y = 0.0924x - 1.4412 \quad R^2 = 0.8792$

$y = 0.4634x \quad R^2 = 0.6973$

通过对杨树无性系叶片的 SPAD 值与叶绿素 a、b 和叶绿素总含量以及 N 含量进行测试和分析，建立了杨树无性系叶片的 SPAD 值与叶绿素 a、b

和叶绿素总含量以及N含量的数学模型，为杨树无性系叶片叶绿素a、b和叶绿素总含量以及N含量的测定提供了一种新的方法，通过SPAD可直接在田间获得杨树的SPAD值，通过公式转化，即获得其含N量，避免了传统的测定叶绿素含量和N含量而进行的化学实验，减少了实验中投入的人力和物力，同时免除了样本受到损伤。

3.8.2.2 不同部位SPAD值的变异

测定了9个无性系在不同生长阶段和不同叶位叶片的SPAD值，根据SPAD值与叶绿素a、b和叶绿素总含量以及N含量的数学模型，利用SPAD值差异，预测叶绿素a、b和叶绿素总含量以及N含量的差异。

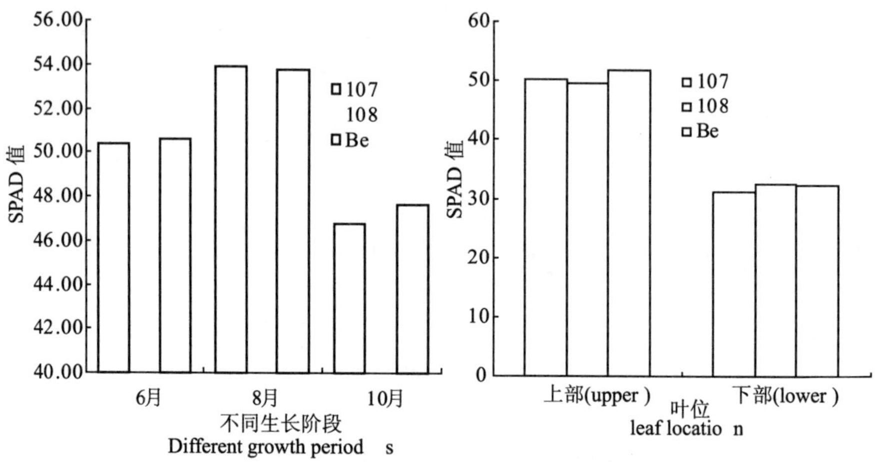

图3-27 3个无性系不同阶段和不同叶位叶片SPAD值比较

Figure 3-27 The SPAD value of 3 clones from different growth period and from different canopy

不同杨树品种不同生长阶段叶片SPAD值得测定结果如图表明，不同无性系叶片SPAD值略有差异，但相差不大，并且据Gabrielsen等人的研究，如果叶绿素含量超过4~5mg/dm^{2}时，光合速率并不再随着叶绿素含量的增多而提高。3个品种叶面积与鲜重的比值折合后得出，这3个无性系上部叶片的叶绿素含量都超过4~5mg/dm^2。因此，可以认为，叶绿素含量、N含量或是SPAD值并不是决定光合速率高低的主要原因。但是同一无性系在不同生长阶段SPAD值差异明显，速生期SPAD值明显高于速生阶段前期和后期，而生长前期又高于落叶前期的SPAD值。

3.8.2.3　季节性变异

从速生期不同叶位叶片 SPAD 值的变化特征来看，上层叶片 SPAD 值明显大于下层叶片的 SPAD 值，3 个无性系都表现出这个特征。与不同部位净光合速率下降情况相同，速生无性系随着叶位下降，SPAD 值下降缓慢，而生长慢的无性系 SPAD 值下降迅速。

本试验结果表明，杨树不同杨树无性系 SPAD 值差异不大。但杨树叶片 SPAD 值、其叶绿素含量以及叶片含 N 量的关系因生长时期有明显差异。因此，用 SPAD 值来诊断杨树不同叶片中叶绿素含量和氮含量时应慎重。究其原因，可能有 4 个方面：①测定时所选用的叶片还没有完全进入功能盛期，内部叶绿素还在合成，氮素还在转运，二者存在不同步；②测定时所选择叶片大小的影响，特别是前期叶片较小，测定 SPAD 值时易取到叶脉部位，影响测定结果。③杨树叶片叶色相对偏深，SPAD 值多超过 40，影响其与叶片叶绿素含量和全氮含量的相关性。④叶色是许多因素综合影响的结果，并不单纯因氮含量不同而存在差异，当植株缺磷、缺钾或缺乏微量元素时叶色也会发生变化，此时叶片光谱也会发生改变，影响测定结果。因此在杨树生产中，如需采用 SPAD 值来估测叶绿素含量和叶片含氮量，一是应选择叶片已完全展开且进入功能盛期的叶片，通常可选择 8～12 叶。

4　结论与讨论

本研究以我国目前在华北中原地区杨树生产中广泛栽培的黑杨派无性系为研究对象，通过一年生扦插苗盆栽试验，采用光合测定系统、叶面积仪、解剖学、非结构性碳水化合物含量测定、叶绿素计等方法，系统研究了 9 个无性系产量性状以及物候、形态性状、气体交换特性、叶片生长发育特性、根冠比、显微结构、生化性状等产量相关性状的遗传变异规律，并对这些指标与产量性状进行相关和回归分析，揭示速生无性系所具有的优良特性，探讨这些性状能否作为选育速生无性系的早期选择指标以及能否成为杨树理想株型的新指标。

4.1　结　论

盆栽试验结果表明：

（1）9 个黑杨派无性系在产量性状上存在着极显著的差异。苗高、地径、生物量无性系重复力高，说明这三个性状受遗传因素影响较大，对它们进行直接选择是可靠的。生物量测定结果与无性系对比林试验结果基本一致，生物量大生长快四个无性系为 108 杨、107 杨、Por 杨和 111 杨，生物量小生长慢的是 Be 杨和 113 杨，苗高、地径和茎容量指数与生物量显著相关，是选育高产无性系的可靠指标之一。

（2）9 个黑杨派无性系在物候期上差异较大，特别是生长后期变异幅度更大，决定各无性系生长期长短的因素主要是生长后期诸物候期的差异，生长后期诸物候期的早晚可作为速生无性系早期选择的依据。生物量与生长季节长短显著相关，生长较快的无性系生物量是在速生期内依靠较高生长效率来获得，生长效率也是选择速生无性系应考虑的一个相关指标，生长季节的长短只是无性系对栽培地点适应性的结果。

（3）9 个无性系 7 个叶片形态及 2 个间接性状，除叶片含水率在无性系间差异不显著外，其余 8 个性状在无性系间均存在显著差异，比叶面积虽然在无性系间存在显著差异，但是该性状受遗传因素影响较小，其他性状重复力值均较高。光照对叶片生长发育影响很大，上部叶片受强光照影响，树冠上部叶片较树冠下部叶片更长、更宽，叶柄更长更粗。上部叶片与生物量相关系数高，可作为高产无性系的可靠指标之一。

（4）叶片生长发育特性中，全株总叶面积、叶面积的增长速率、放叶间隔期、节间长度和全株总叶片数量都可以作为选育速生无性系时可以参考的指标。

（5）适当的干物质在树冠和树根的分配，对于植物的生长发育具有重要影响，根冠比过高或是过低对于植物的生长发育都不利。适当的根冠比可以作为选育速生无性系的指标之一。

（6）9 个无性系的气体交换特性研究表明：速生无性系除了在不同叶位叶片光合平均值可以作为选择速生无性系的指标外，说明速生无性系叶片随叶龄的增大光合速率变化比较缓慢，或者说叶片维持高光效的时间更长。速生无性系在光合作用——光响应曲线，光合作用——CO_2 响应曲线各指标方面并没有表现出较生长慢的无性系更优秀的特性。

（7）9 个无性系功能叶净光合速率比较接近，呈双峰曲线，第二次净光合速率高峰出现的时间与当时气象因子变化有关），并且第一个峰值大于第二个峰值。蒸腾速率的日变化过程也表现为双峰曲线，峰值出现时间与净光合速率基本吻合，但与净光合速率不同的是绝大多数无性系的第二峰值大于第一峰值。在水分利用效率方面，几乎所有的无性系都是在早上9点半左右达到高峰，然后逐渐下降。这是由于光合速率从早到晚呈降低趋势，而蒸腾速率却逐渐增加，从而导致水分利用效率从早到晚降低。不同无性系的水分利用效率与相应的蒸腾速率负相关，而与净光合速率并不相关，因此可以认为无性系间水分利用效率的差异是由于它们蒸腾速率差异造成的，由于无性系间在蒸腾速率的差异远大于光合上的差异，说明选育高产和高水分利用效率的杨树无性系是可行的。

（8）3个杨树无性系叶表皮形态基本一致，它们之间没有质的不同，仅有量的差异。根据形态学及气孔形状，杨树的气孔密度、大小、形状以及表皮细胞面积和单叶表皮细胞数目可以作为选育高产杨树指标。生长快的无性系叶片上表面气孔数多，气孔小，上下表皮气孔数目比较大，表皮细胞面积大，而且平均每个叶片表皮细胞数目多，栅栏组织更厚，叶肉细胞中叶绿体数目多，但是体积较小。生长慢的无性系则相反。因此叶片上表皮气孔数目和大小、表皮细胞面积大小和平均单叶表皮细胞数目、栅栏组织厚度、叶肉细胞中叶绿体数目和大小都可以作为选育速生无性系的指标之一。

（9）无性系间TNC并无显著差别，且TNC与插穗萌条数没有线性相关性，但是每一萌蘖条干物重与非结构性碳水化合物含量和萌条数都具有显著相关性，TNC的高低可以影响萌条的干重，对于萌条的早期生长具有重要影响。

（10）应用叶绿素计测量SPAD值可以预测杨树的叶绿素含量及含氮量，但不同无性系杨树叶片之间SPAD值并无显著差别，不同部位叶片和不同季节叶片SPAD值差别明显，因此利用SPAD值预测杨树产量以及诊断杨树叶片中叶绿素含量和含氮量应慎重。

4.2　讨　论

4.2.1　生物量与生长效率和生长期的关系

选育速生品种可以通过延长生长期，即或是早发芽尽快形成叶片，或是推迟生长休眠期的到来，但是北方地区植物早发芽或是推迟休眠增加了早、晚霜破坏的危险。所以树木育种要想获得遗传增益，要求在获得木材产量增加的同时还要考虑树体的适应性。为了这一目的，迫切需要了解与产量相关的形态、生理、物候等方面的知识。不同基因型或是表现型的产量与物候性状的相关性已经有大量报道，有很多生长期对杨树产量贡献的报道，例如欧洲黑杨（Pichot and Teissier du Cros，1988[91]）、杂种杨树（Ceulemans et al.，1992[7]）、黑杨派无性系（解荷峰等，1995[92]；李守勇等，2003[93]）

本文中生长较快的无性系较生长慢无性系在各个物候阶段都表现出明显差异，各无性系在各个阶段的生物量的生长速率都表现出差异，总的来说生长快的无性系在各个阶段生物量增加量都较大。当然也有例外，Por 杨和 111 杨只是在速生阶段才迅速超越几个较慢的无性系，高的生长速率只是在速生期表现出来，并且对于 9 个无性系只有速生期生长量也就是生长效率跟生长季节末期的生长量表现出显著相关，因此表明，较高的年产量可以通过对速生期的集约栽培经营而不必通过延长的生长季节来实现。相似的结果在班克松 *Pinus banksiana* Lamb（Magnussen and Yeatman，1989[94]）垂枝桦 *Betula pendula* Roth（T. L. Wang，et al.，1996[95]）研究中也有报道，生长效率是杂种优势的结果，生长季节的延长也许只是对栽植地点长期适应性的结果。

在研究结果中，生物量与生长期长短显著相关，与生长停止期次相关，与生长开始期负相关最差，这与上面提到的几篇研究结果相近。生物量与各个阶段生长量相关性中，只有与生长中期阶段生长量相关性显著。这表明生长季节的延长对于生长直接影响比较小，这可能是由于这时候无性系间差异相对较小，同时这个阶段的外界环境也不利于生长（光辐射和温度）；然而生长速度快的无性系明显表现出对天气变化的迅速响应，在雨季到来时，能够及时响应并充分利用有利的天气条件，从而在有限的速生期内积累较高的生物量。生长快的无性系生长效率比较高，可以解释为，单叶增长速率快和全株总叶面积增长快来解释。

4.2.2 生物量与叶片形态性状的关系

研究表明杨树不同种、品种之间在叶形、叶数量（Volkenburgh and Taylor，1996[96]）和叶面积（Ridge，Hinckley，et al.，1986[97]；Barigah et al.，1994[98]）方面都存在差异，即使是在同一无性系不同冠层的叶片大小也不一样。扦插或萌生的杨树幼苗树冠下部是较小的叶片，冠层上部是较大的叶片（Casella and Ceulemans，2002[99]；Niinemets and Afas，2004[100]），表明辐照度对叶片大小有极强的正面影响（Pieters，1974[101]，1983[102]，1985[103]）。除了叶片大小、叶部形态亦随着树冠内部光梯度变化而变化（Chazdon and Kaufmann，1993[104]；Sims and Pearcy，1994[105]；Niinemets，1995[106]），光照条件对比叶面积有负面影响而对单位叶面积氮含量具有正面影响（Ellsworth，1993[107]；Gratani，1997[108]；Niinemets；1999[109]）。

植物及其叶片的发育受光照的影响极其强烈。在高光照下，植物生长和发育比低光照下快得多，Pieters（1974）[101]发现杨树叶长和叶柄随着光照的增强而增加，树冠上部叶片较树冠下部叶片更长、更宽，与我们的研究一致，这一结论与也与其他木本植物中的研究结果一致（Niinemets，1998[110]）。

叶柄直径的大小可以认为是树冠上部叶片需要更大的支持系统。不同无性系叶柄之间和不同部位叶柄之间叶柄直径都存在显著差异。叶柄直径与叶面积存在极强的相关性，表明叶面积越大，就需要厚叶柄来完成水分运输和同化产物的运输。叶干重就直接说明了大叶片需要更多的力学支持系统。

叶柄长度和叶片长度的正相关在本研究以及前人的很多研究中都有极强的正相关。第一，叶柄可以显著影响叶角度，增加的叶柄长度导致由于叶片自身的重量而更往下倾斜，这样就导致了叶片角度的改变；第二，叶柄长度的增加减少了叶片自我遮阴的效果，叶柄长度的增加就增强了整个树冠的光截获效率。但同时过多的同化物质转化为叶柄，就会减少植物在同化器官叶片的同化产物投入，因此叶柄的长度对于植物来说也是一把双刃剑，目前对于叶柄的研究也是一个热点。

4.2.3　气体交换

光合作用是树木最主要的生理特性之一，决定了树木年碳平衡以及碳代谢和物质生产之间的关系（朱春全，1991[111]）。光饱和点的高低关系到树木能否充分利用日照，所以是一个值得重视的光合指标。Fry 和 Philips (1974)[112]认为日本落叶松速生的原因是它在某种程度上具有 C_4 植物的一些光合性能，其中一点就是它的光饱和点较高。从 9 个无性系对光合有效辐射的反应曲线中，可以反映出不同品系对光的需求情况。725 杨和 113 杨的净光合速率随着有效辐射的增加而上升，直到光合有效辐射达到 1600μmol/m^2s 时仍未达到饱和，说明这两个无性系具有较高的光饱和点以及在自然高光强下没有光饱和现象出现，可以充分利用高光照，不易产生光能过剩，出现光抑制。出现光饱和现象的原因有两个，一是光合作用的色素系统和光化学反应系统来不及吸收和利用高强度的光，二是光合作用过程中光反应和暗反应配合不协调，暗反应速度过慢，不能充分利用光反应吸收的光能，超过某一光强后，光合速率不能再增加，出现光抑制（曹仪植，1998[113]）。光抑制起源于两个方面，一是光合机构的破坏，光合速率发生变化，二是热耗散的增加引起，不发生光合机构的破坏，是由反应中心激发态叶绿素热耗散的增加引起，反应中心复合体组分并不受到破坏（许大全等 1992[114]，Demming，1987[115]；Oquist，1988[116]）。早期研究认为光抑制的发生对植物是一种破坏作用，而近来不少人把它看成是一个可调控的保护性的耗散过剩能量的机理（Oquist，1988[116]；Bjorkman，1984[117]）。因此高饱和点的植物可以减少高光强对光合机构的破坏，111 杨的光饱和曲线属于双峰型，其最大饱和点分别为 800 和 1500μmol/m^2s，在两者中间由于光强或高温对光合作用出现拟制作用，从而保护了光合器官受损。

光补偿点反映了植物利用弱光的强弱，光补偿点越低，对弱光的利用能力越强。因此 725 杨、Be 杨和 55 号杨具有较低的光补偿点主要是因为其呼吸速率较低的结果，有利于光合物质的累积。55 号杨和 111 杨具有较高的表观量子产额，因此具有较高的最大光合速率。而 Be 杨的表观量子产额较低，它的最大光合速率较低。

光合作用和暗呼吸作用是相辅相成的，不同植物以及同种植物不同无性系间的暗呼吸也存在差异。因此人们把暗呼吸作为一个选育优良品种的一个指标，选择高光合速率、低暗呼吸的品种，有利于提高生产力。Jiang（2000）[118]对不同品系的小麦实验表明，光合速率与暗呼吸呈一定的反比关系，而 Ladipo（1984）[119]对几种树木的光合速率和暗呼吸速率并没有显著相关，因此暗呼吸对光合速率的影响程度并不确定。我们的实验结果证明 9 个无性系光饱和点有差异，但生长较快的无性系并不具有较高的光饱和点，这与尹伟伦（1982）[12]研究结果相反，研究结果表明生长迅速的无性系光饱和点一般偏高，而生长缓慢无性系光饱和点偏低。

表观量子产额是理解光合作用过程中的一个很重要的指标。它表示光合作用中释放 O_2的量子产额，量子产额的倒数为量子需求量，因此量子产额越小，表示光合作用中释放 O_2对量子的需求越大。725 杨暗呼吸速率较低，具有较低的光补偿点，光饱和点高，但是由于其表观量子效率较低。

尽管单位面积叶片的固碳能力是影响植物干物质的重要因素，如 Faville et al. [120]观察到净光合速率与产量紧密相关。美洲山杨固碳能力和产量相关关系研究表明叶片或整株树净光合速率与产量并不相关，有时还呈负相关（Okafo and Hanover 1978[121]，Reighard and Hanover 1990[122]，Thomas et al.，1997[123]）。Orlovic 等（1998）[124]在美洲黑杨和欧美杨中发现净光合速率与产量显著相关。由图 3-12 *Pn/Ci* 计算的叶水平的光合效率并不能表明生长快慢两类的无性系生长量的差异，与刘雅荣等（1983）；Taylor（2001）、Robinson（2004）[125]的研究结果一致。

本研究的实验和前人的研究，都说明在杨树叶片的发育过程中，净光合速率随着叶龄的增长有一个明显的增长和衰减的规律：新放出的未展开的幼叶是光合产物的消耗者。待叶片完全生长完毕，叶面积扩展到最大时光合速率最高，然后随着叶片衰老光合速率下降。Gill 和 Schaedle[126]对黑杨叶绿体的观察指出，叶龄为 1 天的杨树叶绿体长 3～3.5um，尚未完全发育，叶龄 15 天，叶绿体长 5～6μm，每个基粒中的类囊体增加了，所以光合能力高，衰老的叶绿体高度叶泡化，充满着膜状物，组织结构逐渐解体。这就进一步表明了叶片发育过程中光合速率的变化是以叶绿体发育过程中超微结构的发育变化为基础的。

4.2.4　解剖

气孔是植物与环境进行气体交换的主要途径，地球植物主要通过吸收 CO_2进行光合作用，同时植物体内水分通过蒸腾作用由气孔进入大气。由此看来，气孔性状与光合和水分利用效率紧密相关（Teare et al.，1971[127]；Sellers et.，1996[128]）。树木生理学家认为气孔分布的多少和开度对光合速率和蒸腾速率都有显著影响。每平方毫米叶子表皮的气孔数，依植物种类而异，林植芳等（1986）[129]用无色指甲油印痕法对 130 种包括 C_3、C_4、CAM 途径植物的叶片上、下表皮气孔数进行了研究，结果显示：C_3植物有较低的上下表皮气孔数量比，阳生草本植物平均值为0.45，阴生草本为0.07，蕨类及乔灌木种类的上表皮几乎没有气孔。C_4植物的气孔上表皮没有气孔，CAM植物的气孔数比C_3和C_4植物少的多，而其上下表皮比为1.01。若以单位面积（mm^2）上下表皮气孔之和代表叶片的气孔频度，则CAM植物约为61.4个/mm^2，阳生的草本植物与C_4禾本科植物以及C_3灌木类叶片的气孔频度在200～300个/mm^2，而C_4途径的双子叶及C_3乔木类的气孔频度最大，达300个/mm^2。

C_3植物的光合速率和叶片的上下表皮数量比有一定的相关性，上下表皮气孔数量比率高的物种往往生长迅速，产量高，如高光合速率的向日葵、花生等比其他一些作物有较高的叶片上下表皮气孔数量比。低光合速率和极低光合速率的C_3灌木和乔木，叶片的上表面几乎没有气孔。Teare等（1971）[127]报道中，气孔频度是小麦选育高产品种的一个重要指标，Wang等人（1995）[130]发现气孔频度是*Betula pendula* Roth选育高产品种的一个重要指标。Kundu and Tigerstedt（1998）[131]在*Azadirachta indica* A. Juss中发现产量与气孔频度显著相关，Orlovic等（1998）[127]在杂种杨树中发现叶片正面气孔数与生物量显著相关，但是Ceulemans等（1987）发现叶片正反两面的气孔数与生物量都无显著关系。我们的研究结果表明生长最快的两个欧美杨无性系与生长最慢的欧美杨无性系在叶片正面气孔数与气孔长度存在显著差异，生长快的无性系叶片正面气孔数较多，气孔长度较小，气孔频度随着气孔长度增加而减少。在其他许多树种中都有相同结果：如橡树（Abrams and Kubiske，1990[132]）和桃树（Loreti et al.，1993[133]）。叶片显微特性受光照状况变化而变化（Garcia Nunez et al. 1995[134]），随着叶片在高强度的光照下持续照射，叶片气孔频度会增加（Koike et al.，1998[135]，Zacchini et al.，1997[136]），Garcia等（1995）[134]发现美洲黑杨和欧美杨气孔频度的显著差异主要是基因型和环境的互作（G×E）引起。

Taylor（2001）[136]研究结果表明：高产无性系具有较大的叶面积，而叶面积增长主要通过细胞的分化和生长来实现。细胞扩展在很大程度上是一个生物物理学的过程，主要依靠液泡吸收水分来实现，并伴随着细胞壁结构的生物物理学改变（Cosgrove，1999）[137]。这一过程对环境变化非常敏感，相反细胞数量则受遗传因素控制，对环境变化的影响并不敏感

(Meijer and Murray，2001[138])。上表皮细胞是最容易测量并能代表叶面积特性的一类组织，因为细胞分化第一次停止就是在这里，同时也是因为这层组织限制了细胞的扩展。研究结果表明叶片上表皮细胞数目可以很好的表明无性系的产量高低。这一研究结果在杨树和柳树研究中都曾有报道。如果今后杨树育种在杂种优势方面研究有更大进步，将大的表皮细胞面积和多的表皮细胞数统一到杂种上，就可能取得更好的杂种优势。例如：毛果杨杂种产生少而大的表皮细胞，而美洲黑杨杂种产生多而小的表皮细胞。

光合作用是在叶片中进行的，因此，叶片结构在一定程度上影响着光合作用。研究证明，光合速率高低取决于叶肉组织和栅栏组织的厚度，也有人认为海绵组织的厚度也与光合速率密切相关（许守民等，1992[139]）。张桂茹等（2002[140]）实验中发现大豆叶片厚度和栅栏细胞密度均是高光效品种大于低光效品种。这是由于叶片厚度和栅栏细胞密度的增加有利于气体的交换和减少叶肉对 CO_2 扩散的阻力及光能吸收的适应。实验结果是光合速率主要取决于栅栏组织，而与海绵组织的关系不太明显。

在本实验中，叶片厚度和栅栏细胞厚度均是速生品种大于慢生品种。这是由于叶片厚度和栅栏细胞厚度的增加有利于气体的交换和减少叶肉对扩散的阻力及光能吸收的适应，本实验结果是光合速率主要取决于栅栏组织，而与海绵组织的关系不太明显。同化组织中叶绿体数目、栅栏组织和海绵组织都是高光效品种多于低光效品种，而且叶绿体数目也较慢生品种更多，增多意味着截获光能的机构增加，因而能更有效地捕获光能，叶绿体内基粒和间质片层结构高光效类型明显优于低光效类型。

叶绿体是真核光合生物特有的细胞器，要研究叶绿体的光合作用，首先得了解其结构及在细胞内的分布状况。国内外学者在 20 世纪六七十年代就曾在显微、亚显微水平上作过较系统的观察，左宝玉等（1978）[141]曾经对冬小麦不同层次叶片中叶绿体超微结构及其功能作过详细报道。在同一环境中生长的小麦，产量有高有低，利用石蜡切片技术对小麦旗叶进行扫描电镜观察，将从形态学角度揭示小麦旗叶中叶绿体与粒重和产量的关系，为育种和栽培小麦提供理论依据。姬生栋等（2000）[142]通过对小麦旗叶叶肉细胞中的叶绿体进行扫描电镜观察，研究结果表明：高产小麦品种叶绿体体积明显小于低产品种，但叶绿体数目比低产品种的多，这一现象说明，高产品种叶绿体光合作用的有效面积比其他低产品种的大，这可能也是高产小麦高产的原因之一。大豆品种间叶片的光合速率存在着显著差异，这已被许多工作者所证实（李明启，1980[143]；杜维广等，1982[144]；郝乃斌等，1991[145]）。张桂茹[140]等曾测定了很多个大豆品种的光合速率，发现品种间变异幅度、变异系数以及光合速度与产量密切相关。众所周知，植物体的形态、结构与生理功能是统一的，光合作用速率的差异也必然与叶的光合作用器官解剖学特征紧密相关。张桂茹等(2002)[140]是在上述研究基础上，选取已确知的不同光合特性类型大豆为材料，发现同化组织中高光效品种叶绿体数多于低光效品种，这表明叶绿体数目增多意味着截获光能的机构增加，因而能更有效地捕获光能，为明确大豆光合生理特性与解剖结构的关系，为进一步开展大豆高光效育种和栽培技术提供依据。本实验结果表明，速生无性系叶肉细胞中叶绿体数目多但是体积较小，慢生无性系叶绿体数目少但是体积大。

4.2.5 SPAD 值

近年来，应用叶绿素计在植物叶片养分间接速测上已取得了较好的效果，利用叶绿素计测定的 SPAD 值可以间接反应植物叶片叶绿素的含量及含氮量，还可以进一步预测作物的产量。吴良欢等（1999）[146]通过长期定位框栽试验的结果表明，籼稻和粳稻分蘖期，幼穗分化期 SPAD 值与叶绿素含量的关系在 0.64 ~ 0.97 之间，均达到了极显著水平，并确立了 SPAD 值与水稻营养的关系，进而修改该项诊断施肥方法中关键施肥期的标准 SPAD 值。雷泽湘等（2001）[147]对草莓处于营养生长盛期时叶片进行了 SPAD 测定和叶绿素含量测定，结果表明，随着 SPAD 值的增加，叶绿素也呈增加趋势，叶片叶绿素含量与 SPAD 值相关性均极显著。

本研究结果表明 SPAD 值可以很好地预测杨树叶片的叶绿素含量和含 N 量，在 SPAD 值得测定中，并未发现 SPAD 值的含量变化和各无性系的生长特性、光合性能有相关性。但是试验证明，各无性系上下部叶片的 SPAD 值含量有显著差异，上部叶片 SPAD 值明显高于下部叶片，这与叶片的净光合速率变化趋势相同。叶片对光能的吸收是服从 Lanber - Beer 定律的，当单位面积内的叶绿素含量达到某一界限时，可以透过叶组织的有效辐射就不再有明显的增加。在我们所测定的材料中，叶绿素含量最低为 1.5mg/g 鲜叶。根据实测数据换算，相当于 5.12mg/dm^2。品种间叶绿素含量都高于此，所以即使有些差异，对光合速率也没有直接贡献。

4.2.6　非结构性碳水化合物

Loescher et al. (1990)[148]、Iwasa and Kubo (1997)[149]研究表明：寒带植物根系是非结构性碳水化合物储存场所。本研究结果表明，对于杨树温带树种来说，树干是非结构性碳水化合物主要储存场所，是支持插穗发芽和生根的主要能量来源。因此，有关根系中碳水化合物含量是植物萌蘖和放叶主要能量来源这一说法对温带地区杨树并不适用。

了解植物体内非结构性碳水化合物（可溶性糖和淀粉含量）的季节性变化，对于指导生产中扦插育苗和植苗造林具有重要的理论指导意义。首先，了解非结构性碳水化合物含量季节性变化为现在生产中有林农和基层林业技术人员提倡秋季造林和春季育苗提供了科学依据，秋季落叶后，此时土壤尚未封冻，杨树体内总糖含量达到高峰，这时候造林，可以很好地使杨树苗利用充足的可溶性糖愈合起苗时造成的伤口，并能适应栽植点的气候和土壤情况，开春后等气温回暖秋季栽植苗木就可以开始发芽、生长，减少了蹲苗期，增加了当年的生长量。其次，了解非结构性碳水化合物含量季节性变化为春季扦插育苗提供了科学依据，春季杨树发芽前，杨树体内的可溶性糖达到最高，此时扦插成活率最高，如在杨树发芽后扦插，由于植物体内的非结构性碳水化合物含量达到最低点，已发出的叶子已经不能适应离体后的环境，会逐渐枯死，而此时扦插插条不能再为新萌蘖条提供充足养分，扦插成活率会非常低。

4.2.7　根冠比

近年来研究表明，在水分正常供应时，根冠比过大会影响地上部分生物产量和经济产量的形成，出现根的冗余现象（Passioura，1983[150]；张大勇，1995[151]）。强大而深密的根系是适应缺水环境的重要机制，长期以来，人们均以根系大小作为植物抗旱性强弱的指标，但庞大的根系并非时时有利，Passioura (1983)[150]指出生产单位重量根系所需消耗同化产物相当于形成等量冠层物质的2倍。Hamblin et al (1991)[152]研究表明高达20%～50%的光合产物用于根系生长。Bourma et al. (1997)[153]认为超过50%的光合产物被根系呼吸消耗。张岁岐 (2001)[154]对玉米*WUE*与根冠比关系研究表明，根重和生物量与其*WUE*成抛物线关系，过大的根系生长反而对水分高效率利用有不利影响。根冠关系是受环境条件影响较大的一个参数，但根冠关系对环境条件的响应是以遗传特性为基础的，通过选育可以得到根冠关系最优的品种。赵凤君（2004）[85]在研究黑杨无性系水分利用效率的差异及机理研究中发现，108 杨在正常供水情况下，所有参试无性系中根冠比最大为0.21，说明其是深根型的抗旱品系，大田条件下遇到水分胁迫时根冠比下降不大，可通过增加吸收土壤深层水分，维持其体内的水分平衡。

4.3 展　望

4.3.1 本研究创新点

（1）依托国家“八五”和“九五”科技攻关成果的基础，选择无性系对比林中生长快、中、慢 3 类 9 个黑杨派无性系为试验材料，通过一年生扦插苗盆栽控制试验，采用光合测定系统、叶面积仪、解剖学、非结构性碳水化合物含量测定、叶绿素计等方法，系统研究了 9 个无性系产量性状以及物候、形态、气体交换特性、叶片生长发育特性、根冠比、显微结构和生化性状等产量相关性状的遗传变异规律及其与产量性状的相关关系，揭示出速生无性系苗期所具有的优良特性及相关速生机理，为高产育种和早期选择提供依据，具有一定的理论意义和生产应用价值。

（2）首次提出杨树生长候期诸物后期的早晚可作为速生无性系早期选择的依据，生物量与生长季节长短显著相关，可以作为选育速生无性系的指标之一，但生长较快无性系生物量是在速生期内依靠较高生长效率来获得，因此生长效率也是选择速生无性系应考虑的一个重要指标，生长季节的延长只是对栽植地点的长期适应性的结果。

（3）首次系统研究了叶片的解剖性状，提出叶片上表皮气孔数目和大小、表皮细胞面积大小和平均单叶表皮细胞数目、栅栏组织厚度、叶肉细胞中叶绿体数目和大小都可以作为选育速生无性系的指标。

（4）将国外最新的木本植物非结构性碳水化合物（TNC）提取方法应用到国内。此方法作者在加拿大魁北克大学访问期间学习、整理并带回国内，此前在国内没有相关文献报道。此方法较国内常见的碳水化合物测定方法提高了 10% ~15%，并减少了 α 淀粉酶/淀粉葡萄糖的消耗。插穗内非结构性碳水化合物（TNC）季节性变化国内并无相关报道，为目前生产中秋季造林和春季育苗提供了科学合理的理论解释。首次发现每一萌蘖条干物质重与非结构性碳水化合物含量和萌条数都具有显著的相关性，并建立线性回归方程。

(5) 首次将叶绿素计应用到杨树上，研究结果表明SPAD值与实测叶片叶绿素含量和N含量相关，并建立了相关关系，为今后大面积快速监测杨树人工林N素营养状况并为合理施肥提供可供借鉴的经验。

4.3.2 有待进一步研究的问题

由于受时间和条件的限制，本实验未能对黑杨派无性系根系的生长及相关的生理因子进行研究，在今后的研究中应尽量考虑这些因素的影响。

(1) 本实验只对这些无性系盆栽苗生长、形态、生理和物候特性进行了1年的研究，因此无法反映这些无性系在不同年份的变化。建议在今后的研究中对这些无性系盆栽苗、温室和大田栽植多种情况进行连续多年的研究，进一步分析这些无性系在生长上的差异、性状的无性系重复力及形态、生理、物候、解剖和生化指标与生长性状的相关性在不同年份的变化。

(2) 大量的研究表明，营养转移是植物所有保持营养机制中最重要的策略之一，因而，它又对竞争、营养吸收、生产力等过程产生影响。它在植物体内营养供求平衡中，与植物从无机环境中吸收营养同等重要，它还有助于植物适应不利生境。所以，营养转移机制对植物生长具有极其重要的意义。营养转移是当今森林生态研究上的一个热门领域，国际上有大量文章探讨这一课题，但很多的问题仍未有定论，存在很多有争议的结果。而我国国内的研究则极其有限，只有中国科学院沈阳应用生态所的几位学者（沈善敏等，1992[155]，1993[156]）作了一些初步的工作，他们只是对杨树的营养转移进行了一定的研究，生长快的无性系是否在营养转移效率高于生长较慢的无性系，开展杨树的营养转移研究也很迫切。

为了更好地了解这些性状的遗传背景，可结合分子遗传学方法，从基因水平对这些形态、生理和物候性状的遗传基础进行研究。

4.3.3 展望

分子遗传学技术应用，已经揭示了很多树木的营养生长的数量性状位点遗传图谱，预示着分子标记辅助选择育种在将来树木育种项目中取代传统的树高和地径等指标。Marques 等（1999）[157]在AFLP连锁图谱中识别了几个与桉树营养生长有关的数量性状位点。杨树中有几个遗传图谱存在并应用于识别叶片性状的数量性状定位，包括叶片大小和形状（Wu and Stettler.，1997）、叶片气孔和表皮细胞性状（Ferris et al.，2002）[158]、苗高、地径和表皮细胞面积在同一染色体区域（Taylor et al.，2001）[159]，将来工作可以集中在本研究结果中与产量性状相关的形态性状上，建立遗传连锁群体，识别与叶片形态和显微形态的数量性状位点，使树木分子标记辅助选择和树木的分子育种在产量育种中取得更大的成果。

氮素可以是影响植物生长和结构的一个重要因子，氮素水平可以影响生长速率，生长方式以及物候期（Dickson，1989[160]；Geiger *et al.*，1996[161]）。氮素水平经常被认为限制植物产量，包括林木产量的一个重要因子（Dickson，1989[160]；Oren，*et al.*，2001[162]），与农作物一样，对林木增施N肥可以显著增加产量（Liu & Dickmann，1992[163]；Heilman & Xie，1994[18]；Brockley，1995[164]；Brown，*et al.*，1996[165]），越来越多的林分逐渐增施N肥以达到提高林分产量和缩短轮伐期。但是了解林分N素水平非常难，由于林业研究工作基本都是在野外，当实验地离实验室相距很远时，尤其是炎热的夏季和待测样品数量巨大时，叶绿素和N素的提取测定工作很繁重，也不能对叶片连续观测。本文研究表明SPAD值可以很好地预测杨树叶片的N含量和叶绿素含量，使这些问题迎刃而解，叶绿素计SPAD－502能在杨树上广泛应用。目前所有SPAD值研究基本上停留在对叶绿素计读数（SPAD－501和SPAD－502）、叶片叶绿素含量和叶片含氮量之间相关关系的分析上，只有沈掌泉等提出一种利用上下部叶片SPAD读数比值来诊断水稻氮素营养的方法，因此今后要进一步在田间推广叶绿素计。根据大量的SPAD数据，建立杨树田间N素含量及合理施肥的标准，对于提供杨树人工林产量和缩短轮伐期都具有重要意义。

随着世界性的干旱缺水趋势的日益紧迫，越来越多的农林科学家致力于植物抗旱节水的研究，而只有提高植物自身的水分利用效率（*WUE*），让每一滴水生产出更多的干物质，才有可能取得节水研究上的新突破。本文研究表明水分利用效率与植物产量相关无相关性。因此，选育出速生又高水平利用效率的杨树无性系是可能的。

未来的杨树育种目标应该是高产、多干以及便于机械化采收，因此上述所有的有关杨树早期选择的指标必须要与这些目标结合起来考虑。

附 缩略词

缩略词	英文	中文
AQY	apparent quantum yield	表观量子产额
BD	basal diameter	地径
Ca	ambient CO_2 concentration	大气 CO_2浓度
CE	carboxylation efficiency	羧化效率
Ci	intercellular CO_2 concentration	胞间 CO_2 浓度
GC	growth Cession	生长停止
G × E	genotype × environment interaction	基因型与环境互作
GE	growth efficiency	生长效率
GI	growth initation	生长开始
GP	growth period	生长期
Gs	stomatal conductance	气孔导度
H	height	苗高
NSAB	number of stomata abaxial	叶片下表面气孔数
NSAD	number of stomata adaxial	叶片上表面气孔数
LA	leaf area	叶面积
LCP	light compensation point	光补偿点
LDW	leaf dry weight	叶干重
LFW	leaf fresh weight	叶鲜重
LL	leaf length	叶长
LS	length of stomata	气孔长度
LSP	light saturation point	光饱和点
LWC	leaf water content	叶片含水率
LW	leaf width	叶宽
MAS	marker – assisted selection	分子标记辅助选择
NAR	net assimilation rate	净同化速率
PAR	photosynthetic active radiation	光合有效辐射
PD	petiole diameter	叶柄直径
PL	petiole length	叶柄长
Pn	net photosynthetic rate	净光合速率
QTLs	quanatitative traits locations	数量性状座位
RH	relative humility	相对湿度
SPAD	soiland plant Analyzer development	叶绿素计
SLA	specific leaf area	叶比重
SRF	short rotation forestry	短周期林业
Ta	air temperature	大气温度
tLA	total leaf area	全株总叶面积
TP	thickness of palisade tissue	栅栏组织厚度
Tl	leaf temperature	叶面温度
Tr	transpiration rate	蒸腾速率
Vpdl	leaf to air vapour pressure deficit at leaf surface	叶面水分亏缺

参考文献

[1] Kramer, P. J. The role of physiology in forestry. Tree physiology, 1986, 2: 1 ~ 16

[2] Dickson. Carbon and nitrogen allocation in trees. Ann. Sci. For. 1989, 46 (suppl.): 631 ~ 647

[3] Deckmyn G., Laureysens I, Garcia J. Poplar growth and yield in short rotation coppice: model simulations using the process model secrets. Biomass and bio - energy, 2004, 26: 221 ~ 227

[4] Monteith, J. L. Does light limit crop production? In limiting plant productivity. Edited by C. B. Johnson. Butterworth, London, England. 1981, 23 ~ 28

[5] Monteith, J. L. Validity of the correlation between intercepted radiation and biomass. Agric. For. Meteorol. 1994. 68: 231 ~ 220

[6] Linder, S. Potential and actual production in Australian forest stands. In research for forest management. Edited by J. J. Landsberg and W. Parsons. Common wealth Scientific Industrial Research Organization, Melbourne, Australia. 1985, 11 ~ 35

[7] Ceulemans R., Scarascia - Mugnozza G., Wiard B. M., Braatne J. H., Hinckley T. M., Stettler R. F., Isebrands J. G., Heilman P. E.. Production physiology and morphology of *Populus* species and their hybrids grown under short rotation: I: clonal comparisons of 4 - year growth and phenology. Canadian journal of forest research, 1992, 22: 1937 ~ 1948

[8] Rae, A. M, Robinson, KM, Street, NR and Taylor, G Morphological and physiological traits influencing biomass productivity in short - rotation coppice poplar. Canadian journal of forest research - revue canadienne de recherche forestiere. 2004, 34 (7): 1488 ~ 1498

[9] Ceulemans, R . and Impens. Net CO_2 exchange rate and shoot growth of young poplar (*Populus*) clones. J. Exp. Bot. 1983, 34: 866 ~ 870

[10] Isebrands, J. G., Ceulemans, R. and Wiard, B. Genetics variation in photosynthetic traits among *Populus* clones in relation to yield. Plant physiol and Biochem. 1988, 26 (4): 427 ~ 437

[11] Ceulemans, R., Impens, U., and Steenackers, V. Variations in photosynthetic, anatomical, and enzymatic leaf traits and correlations with growth in recently selected*Populus* hybrids. Can. J. Bot. 1987, 17: 273 ~ 280

[12] 尹伟伦. 不同种类杨树苗木的生长和光合性能的比较研究 II 净光合速率、光呼吸和 HILL 反应等光合性能指标. 北京林学院学报, 1983, 5 (2): 41 ~ 55

[13] 张志毅等. 毛白杨及其杂种无性系苗期生长与光合性能的比较研究. 北京林业大学学报, 1992, 14 (增2): 35 ~ 39

[14] 刘雅荣, 刘奉觉, 刘爽等. 四种杨树苗木的生长与光合作用特性的研究. 林业科学, 1983, 19 (3): 269 ~ 275

[15] Taylor G. Beckett KP. Robinson KM, Stiles K, Rae AM. Identifying QTL for yield in biomass poplar, Aspects of Applied Biology 2001; 65 (Biomass and energy crops II): 173 ~ 182

[16] Robinson K. M. , Karp A. , Taylor Gail. , Defining leaf traits linked to yield in short rotation coppice*Salix*. Biomass and Bioenergy, 26 (2004) 417 ~ 431

[17] 万雪芹. 北美杂交杨在北京的引种及相关生态生理学研究. 北京林业大学博士学位论文, 2006, 1 ~ 155

[18] Heilman PE, Xie F. Effects of nitrogen fertilization on leaf area, light interception and productivity of short - rotation *Populus trichocarpa* × *Populus deltoides* hybrids. Canadian Journal of Forest Research. 1994, 24: 166 - 173

[19] Buckley TN, Farquhar GD. A new analytical model for whole - leaf potential electron transport rate. Plant Cell Environ 2004, 27: 1487 ~ 1502

[20] Poulson ME, Vogelmann TC. Epidermal focusing and effects upon photosynthetic light - harvesting in leaves of Oxalis. Plant Cell Environ1990, 13: 803 ~ 811

[21] Smith WK, Vogelmann TC, Delucia EH, Bell DT, Shepherd KA. Leaf form and photosynthesis. Do leaf structure and orientation interact to regulate internal light and carbon dioxiode. Bioscience. 1997, 47: 785 ~ 793

[22] Vogelmann TC. Martin G. The functional significance of palisade tissue: penetration of directional versus diffuse light. Plant Cell environ 1993, 16: 65 ~ 72

[23] Terashima I. Productive structure of a leaf. In Briggs. photosynthesis. Proceedings of the C. S. French symposium on photosynthesis, Stanford, California, 17 ~ 23. July 1988. Plant biology, vol 8. Liss, New York. 1989, 207 ~ 226

[24] Delucia EH, Nelson K, Vogelmann TC, Smith WK. Contribution of intercellular reflectance to photosynthesis in shade leaves. Plant Cell Environ . 1886. 19: 159 ~ 170

[25] Evans JR, Vogelmann TC, Williams WE, Gorton HL. Sunlight capture, Chloroplast to leaf. In; Smith WK, Vogelmann TC, Chritchley Photosynthetic adaptation Chloroplast to landscape. Springer, Berlin. Heidelberg. New York. 2004, 15 ~ 41

[26] Evans JR, Vogelmann TC. Profiles of fixation through spinach leaves in relation to light absorption and photosynthetic capacity. Plant Cell Environ 2003, 26; 547 ~ 560

[27] Sun JD, Nishio JN. Why abaxial illumination limits photosynthetic carbon fixation in spinach leaves. Plant Cell physiol. 2001, 42: 1 ~ 8

[28] Karabourniotis G. and Bornman J. F. Penetration of UV – A, UV – B and blue light through the leaf trichome layers of two xeromorphic plants, olive and oak, measured by optical fiber microprobes, Physiol Plant. 1999, 105; 655 ~ 661

[29] Karabourniotis G, Bornman JF, Liakoura V. Different leaf surface characteristics of three grape cultivars affect leaf optical properties as measured with fiber optics; possible implication in stress tolerance. Aust J Plant Physiol. 1999, 26; 47 ~ 53

[30] Roden, J, Volkenburgh, E . V and Hinckley, T 1990. Cellular basisfor limitation of Poplar leaf growth by water deficit. TreeP hysiol. 6: 211 ~ 217.

[31] Ceulemans, R. Stomatal conductance and stomatal behavior in *Populus* clones and hybrids. Can. J. Bot. 1988, 66: 1404 ~ 1414

[32] Rogers, D. L. , Stetler R. F. , and Heilman P. E. Genetic variation and productivity of *Populus trichocarpa* and its hybrid. III. Structure and pattern of variation in a 3 – year field test. Can. J. For. Res. 1989, 19: 372 ~ 377

[33] Braatne, J. H. , Hinchkley, J. M. and Stettler, R. F. 1992. Influence of soil water on the Physiological and morphological components of plant water balance in *Populus trichocarpa*, *Populus deltoids* and their F1 hybrids. 1992. Tree Physiology, 11: 325 ~ 339.

[34] Wu, R. , Bradshaw, J. R. , and Stetler, R. F. Molecular genetics of growth and development in *Populus* (*Salicaceae*) . V . mapping quantitative trait loci affecting leaf variation. American Journal of Botany, 1997, 84: 143 ~ 153

[35] Scarascia – Mugnozza, G. , Hinckley, T M. and Stettler, R. E. Evidence for non – stomatal inhibition of net photosynthesis in rapidly dehydrated shoots of *Populus*. Can. , J. For. Res. 1986, 16: 1371 ~ 1375

[36] Dunlap, J. M. , Heilman, P. E . and Stetler, R . F. Genetic variation and productivity of *Populus trichocarpa* and its hybrids. VIII. . Leaf and crown morphology of native *P. trichocarpa* clones from four river valleys in Washington. Can. J. For. Res. 2 1995, 5: 1710 ~ 1724

[37] Wu, R – L. Quantitative genetics of yield breeding for *Populus* short rotation culture. III. Efficiency of index selection on tree geometry. Theor Appl. Genet. 1994, 88: 803 ~ 811

[38] Wu, R. and Stetler, R. F. The genetic resolution of juvenile canopy structure and function in a three – generation pedigree of *Populus*. Trees, 1996, 11: 99 ~ 108

[39] Weber, J. C. , Stettler R. F. , and Heilman, P. E. Genetic Variation and productivity of *Populus trichocarpa* and its hybrids. I morphology and phenolgoy of 50 native clones. Can. J. For. Res. 1985, 15: 376 ~ 383

[40] Ceulemans, R. Genetic variation in functional and structural productivity determinants in poplar. 1990. Thesis Publishers. Amsterdam, The Netherland

[41] Ridge, C. R, Hinckley, T. M. , and Stetler, R. F et al. 1986. Leaf growth characteristics of fast growing poplar hybrids *Populus trichocarpa* × *P. deltoides*. Tree Physiol. 1: 209 ~ 216

[42] Dickmann, D. I. , Michael, D. A. , Isebrands, J. G. and Westin, S. Efects of leaf display on light interception and apparent photosynthesis in two contrasting *Populus* cultivars during their second growing season. Tree Physiol. 1990, 7: 7 ~ 20

[43] Powell, G. R. , and S. A. Vescio_ Syllepsis in *Larix laricina*: occurrence and distribution of sylleptic long shoots and their relationships with age and vigor in young plantation - grown trees. Can. J. For. Res, 1986. 16: 597 ~ 607

[44] 尹伟伦. 不同种类杨树苗木的生长和光合性能的比较研究 I 叶、茎、根的生长和相互关系. 北京林学院学报, 1982, (4): 93 ~ 105.

[45] Michael, D. A. , Isebrands, J. G. , Dickkmann, D. I. and Nelson, N. D. 1988. Growth and development during the establishment year of two Populusc lones with contrasting Morphology and phenology. Tree Physiol. 4: 139 ~ 152

[46] Erikson R. O. and Michelini, F. J. The plastochron index, Amer. J. Bot, 1957, 44: 297 ~ 305

[47] Larson, P. R. , and Isebrands, J. G. The relation between leaf production and wood weight in first - year root sprots of two*Populus* clones. Can. J. For. Res, 1971, 2: 98 ~ 104

[48] Isebrands J. G. and Nelson, N . D. Crown architecture of short rotation intensively cultured *Populus*. II Branch morphology and distribution of leaves within the crown. of *Populus Tristis*´ as related to b iomass production. Can. J. For. Res, 1982, 12: 853 ~ 864

[49] Weber J, Stettler, R. F and Heilman, P. E. I Geneticv ariation and productivity of Populus trichocarpa and its hybrids. I Morphologya ndp henologyo f5 0n ative clones. C an. J . F or. R es985. 15: 376 ~ 383

[50] Howe G, Saruul P, Davis J, Chen T. Quantitative genetics of bud phenology, frost damage and winter survival in an F2 family of hybrid poplars. *Theoretical Applied Genetics*. 2000, 101: 632 ~ 64

[51] Wang T. L. and Tigerstedt M. T. Growth rates and phenology of fast – and slow – growing Families over an entire growth period in Betula pendula Roth. Silvae Genetica. 1996, 45: 124 ~ 129

[52] Dickson, R. E. Carbon fixation and distribution in young *Populus* trees. In proc crown and canopy structure in relation to productivity. Edited by T. Fujimori and D. Whitehead. Forestry and forest products research institute, Ibaraki, Japan. 1989. 409 ~ 426

[53] Isebrands, J. G. , and Nelson, N. D. Distribution of ^{14}C – labelled photosynthetic within intensively cultured *Populus* clones during their establishment year. Physiology Plant. 1983, 59: 9 ~ 18

[54] Pate JS, Froend RH, Bowen BJ, Hansen A, Kuo J Seedling growth and storage characteristics of seeder and resprouter species of Mediterranean – type ecosystems of SW Australia. Ann Bot. 1990, 65: 585 ~ 601

[55] Bowen BJ, Pate J. S. The significance of root starch in post fire shoot recovery of the resprouter *Stirlingia latifolia* R BR (Proteaceae) . Ann Bot. 1993, 72: 7 ~ 16

[56] Iwasa Y, Kubo T. Optimal size of storage for recovery after unpredictable disturbances. Evol Ecol. 1997, 11: 41 ~ 65

[57] Sakai A, Sakai S, Akiyama F. Do sprouting trees on erosion prone sites carry large reserves of resources? Ann Bot, 1997, 79: 625 ~ 630

[58] Landhausser S. M, Lieffers V. J. Seasonal changes in carbohydrate reserves in mature northern *Populus tremuloides* clones. Trees, 1997, 17: 471 ~ 476

[59] Landhausser S. M, Desrochers A, Lieffers V. J. A comparison of growth and physiology in white spruce (*Picea glauca*) and aspen (*Populus tremuloides*) at different soil temperatures. Can J For Res, 2001, 31: 1922 ~ 1929

[60] Simon M. L. , Victor J. L. Seasonal changes in carbohydrate reserves in mature northern*Populus tremuloides* clones. Trees, 2003, 17 (1): 471 ~ 476

[61] Tew, R. K. Root carbohydrate reserves in vegetative reproduction of aspen. For. Sci. 1970, 16: 318 ~ 320

[62] Wenger, K. F. The sprouting of sweet gum in relation to season of cutting and carbohydrate content. Plant Physiol, 1953, 28: 35 ~ 49

[63] Vogt, A. R, Cox, G. S. Evidence for the hormonal control and stump sprouting by oak. For. Sci. 1970, 16: 165 ~ 171

[64] Schier A. S and Zasada J. Z. Role of carbohydrate Reserves in the development of root Suckers in*Populus tremuloides*. Can. J. For. Res, 1973, 3: 243 ~ 250

[65] 苏梦云，刘昭息．火炬松和湿地松幼苗蔗糖含量与生长潜势关系的研究初报．林业科学研究，1997. 10（1）：90～92

[66] Dickson, R. E. Assimilate distribution and storage. In physiology of trees. Edited by A. S. Raghavendra. John Wiley & Sons, In., New York, NY, 1991. 51～85.

[67] S. Peng, F. V. Garcia, R. C. Laza. Increased N－use efficiency using a chlorophyl1 meter on high－yielding irrigated rice [J]. Field Crops Research. 1996（47）：243～252

[68] Wonsuk Lee, Stephen W. Searcy, Takashi Kataoka. Assessing nitrogen stress in corn varieties of varying Color. An ASAE Meeting Presentation. 1999：99～3034.

[69] Scott X, Chang, Daniel J. Robison. Nondestructive and rapid estimation of hardwood foliar nitrogen status using the SPAD－502 chlorophyll meter, Forest Ecology and Management, 2003, 181：331～338

[70] 唐延林，王人潮，张金恒等．高光谱与叶绿素计快速测定大麦氮素营养状况研究．麦类作物学报，2003，23（1）：63～66

[71] Van den Berg A K, Perkins T D. Evaluation of a portable chlorophyll meter to estimate chlorophyll and nitrogen contents in sugar maple leaves Forest Ecology and Management. 2004, 200：113～117

[72] 姜丽芬，石福臣，王华田等．叶绿素计 SPAD－在林业上应用．生态学杂志，2005，24（12）：1543～1548

[73] Ledig, F. T and D. B. Botkin. Photosynthetic CO_2－uptake and the distribution of Photosynthetic as related to growth of larch and sycamore progenies. Silvae Genet. 1974, 23：188～192

[74] Larson, P. R., Dickmann, R. E, Isebrands, J. G. Some physiological applications for intensive culture Intensive plantion culture. Five years research. USDA For. Sev. Gen. Tech. Rep NC－21, 1976, 10～18

[75] Cannell, M. G. R. 1989. Physiological basis of wood production review. Scand. J. For. Res. 4：4 59～490

[76] Michael, D. A., Isebrands, J. G., Dickkmann, D. I. and Nelson, N. D. Growth and development during the establishment year of two *Populus* clones with contrasting morphology and phenology. Tree Physiol. 1988, 4：139～152

[77] Tschaplinski, T. J. and Blake, T. J., Water relations, photosynthetic capacity, and Root/shoot partition of photosynthate as determinants of productivity in hybrid poplar, Can. J. B, 1989, ot. 6 7：1689～1697

[78] Friend, A. L., Coleman, M. D. and Isebands, J. G. Carbon allocation to root and shoot systems of woody plants. In biology of adventious root formation. Edited by T. D. Davis and B. E. Haissig. Plenum Press, New York, NY. 1994, 245 ~ 273

[79] C. M. Donald. The breeding of crop ideotypes. Euphytica. 1968, 17: 385 ~ 403

[80] Martin et al. Ideotype development in southern pines: rationale and strategies for overcoming scale - related obstacles. For. Sci. 2001, 47: 21 ~ 28

[81] Dickmann and Keathley. Linking physiology, molecular genetics, and the*Populus* ideotype. In Biology of *Populus* and its implications for management and conservation. R. F. Stettler, H. D. Bradshaw, et al. Biology of *Populus* and its Implication for Management and Conservation. Ottwa, Canada. 1996, 539

[82] 李静宜．毛白杨新无性系苗期生长、光合、形态性状变异研究及相关分析．北京林业大学硕士学位论文，1997. 1 ~ 60

[83] Ceulemans R., Deraedt W. Production physiology and growth potential of poplars under short rotation forestry culture. In: Forest ecology and management, 1999, 121: 9 ~ 23

[84] 巨关升，武菊英，赵军锋等．观赏狼尾草光合特性的研究，核农学报，2005，19 (6): 451 ~ 455.

[85] 赵凤君．不同水分处理下黑杨新品系间水分利用效率的差异及其机理研究．北京林业大学硕士学位论文，2004，1 ~ 65

[86] 王心钗．植物显微技术．福州：福建教育出版社，1985，156 ~ 171

[87] 姬生栋，夏民，王育水，李吉学，徐存拴，李庚午．不同产量小麦灌浆后期叶石蜡切片的扫描电镜观察麦类作物学报，2000，20 (3): 92 ~ 94

[88] 赵旺兔，彭冶，丁雨龙．榉树叶片解剖构造和叶肉细胞超微结构的观察，植物资源与环境学报，2003，12 (2): 52 ~ 57

[89] Chow, P. S. and Landhausser, S. M. A method for routine measurements of total sugar and starch content in woody plant tissues. Tree Physiol. 2004. 24: 1129 ~ 1136

[90] 马育华．植物育种的数量遗传学基础．南京：江苏科技出版社，1982

[91] Pichot, CH. and Teissier du Cros, E. Estimation of genetic parameters in the European black poplar (Populus nigra L.). Consequence on the breeding strategy. Ann. Sci. For, 1988, 45 (3): 223 ~ 238

[92] 解荷锋．美洲黑杨无性系物候期的观察研究．山东林业科技，1995，(4): 1 ~ 4.

[93] 李守勇，孙明高，李学宏等．11 个黑杨无性系物候期变异分析．西北林学院学报，2003，18 (3): 40 ~ 42

[94] Magnussen, S. and Yeatman, C. W. Height growth components for inter - and intra -

provenance jack pine Can. J. For. Res, 1989, 19: 962 ~ 972.

[95] Wang, T. L. , Hagqvist, R. and Tigerstedt, P. M. A : The relationship between yield and carbon fixation in selected hybrid families after crossing selfed lines of Betula pendula Roth, 1996, 2 (2): 77 ~ 86

[96] Van Volkenburgh E, Taylor G. Leaf growth physiology. In: Stettler RF, Bradshaw HD, Heilman PE, Hinckley TM, editors. Biology of Populus and its implications for management and conservation. Ottawa: NRC Research Press, National Research Council of Canada; 1996. 283 ~ 99.

[97] Ridge CR, Hinckley TM, Stettler RF, Van Volkenburgh E. Leaf growth characteristics of fast – growing poplar hybrids Populus trichocarpa × P. deltoides. Tree Physiology 1986; 1: 209 ~ 216.

[98] Barigah TS, Saugier B, Mousseau M, Guittet J, Ceulemans R. Photosynthesis, leaf area and productivity of 5 poplar clones during their establishment year. Annales des Sciences Forestie res 1994; 51: 613 ~ 25.

[99] Casella E, Ceulemans R. Spatial distribution of leaf morphology and physiological characteristics in relation to local radiation regime within the canopies of 3 – year – old Populus clones in coppice culture. Tree Physiology 2002; 22: 1277 ~ 88

[100] Niinemets ü, Al Afas N, Cescatti A, Pellis A, Ceulemans R. Petiole length and biomass investment in support modify light – interception efficiency in dense poplar plantations. Tree Physiology 2004; 24: 141 ~ 154

[101] Pieters GA. The growth of sun and shade leaves of Populus euramericana Robusta in relation to age, light intensity and temperature. Mededelingen Landbouwhogeschool Wageningen, The Netherlands 1974; 74: 1 ~ 106

[102] Pieters GA. Growth of Populus euramericana. Physiologia Plantarum 1983; 57: 455 ~ 62

[103] Pieters GA. Effects of irradiation level on leaf growth of sunflower. Physiologia Plantarum 1985; 65: 263 ~ 268

[104] Chazdon RL, Kaufmann S. Plasticity of leaf anatomy of two rain forest shrubs in relation to photosynthetic light acclimation. Functional Ecology 1993; 7: 385 ~ 94

[105] Sims DA, Pearcy RW. Scaling sun and shade photosynthetic acclimation of Alocasia macrorrhiza to whole plant performance. I. Carbon balance and allocation at different daily photon flux densities. Plant, Cell & Environment1994; 17: 881 ~ 7

[106] Niinemets U. Distribution of foliar carbon and nitrogen across the canopy of Fagus sylvati-

ca: adaptation to a vertical light gradient. Acta Oecologia 1995; 16: 525 ~ 41

[107] Ellsworth DS, Reich PB. Canopy structure and vertical patterns of photosynthesis and related leaf traits in a deciduous forest. Oecologia 1993; 96: 169 ~ 78

[108] Gratani L. Canopy structure, verticalradiatio n profile and photosynthetic function in a Quercus ilex evergreen forest. Photosynthetica 1997; 33: 139 ~ 49

[109] Niinemets U. Differences in chemicalcomposition relative to functional differentiation between petioles and laminas of Fraxinus excelsior. Tree Physiology 1999; 19: 39 ~ 45

[110] Niinemets U. Adjustment of foliage structure and function to a canopy light gradient in two co – existing deciduous trees. Variability in leaf inclination angles in relation to petiole morphology. Trees 1998; 12: 446 ~ 451

[111] 朱春全. 树木光合作用、呼吸作用生理生态学研究的历史及发展趋势. 1991

[112] Fry, D. J., Philips, I. D., Journal of physiol. Plant Physiology, 1975, 56: 23 ~ 27

[113] 曹仪植，宋占午. 植物生理学. 兰州：兰州大学出版社，1998

[114] 许大全，丁勇，武海. 田间小麦叶片合速率日变化与光合"午睡"的关系. 植物生理学报，1992，18（3）：279 ~ 284

[115] Demmig B, Bjorkman O. Comparision of the effect of excessive light on chlorophyll fluorescence (77k) and photo yield of O_2 evolution in leaves of higher plants. Planta, 1987, 171 ~ 184

[116] Oquist, G, Wass R. A portable microprolessor operated instrument for measuring chlorophyll fluorescence kinetics intress physiology. Physiol Plant. 1988, 73: 211 ~ 218

[117] Bjorkman O, Powles S. P. Inhibition of photosynthetic reactions under water stress: interaction with light level. Planta 1984, 161: 490 ~ 504

[118] Jiang G M, Hao N B, Bai K Z, et al. Chain correlation between variables of gas exchange and yield in different winter wheat cultivars. Phytosynthetical 2000, 38: 227 ~ 232

[119] Ladipo D D, Grace J, Sandford A P, et al. Clonal variation in photosynthetic and respiration rates and diffusion resistance in the tropical hardwood. Triplochiton scleroxylon K. Schum. Photosynthetica. 1984, 18 (1): 20 ~ 27

[120] FavilleM. J. SILVESTER W. B. T. G. ALLAN GREEN. Partitioning of 13C – label in mature asparagus (Asparagus officinalis L.) plants. New Zealand Journal of Crop and Horticultural Science, 1999, Vol. 27: 53 ~ 61

[121] Okafo, O. A. & Hanover, J. W. 1978. Comperative photosynthesis and respiration of trembling and bigtooth aspens in relation to growth and development. Forest Science,

1978, 24: 103 - 109

[122] Reighard, G. L. & Hanover, J. W. Shoot and root development and dry matter partitioning in Populus grandidentata, P. tremuloides, and P. smithii. Canadian Journal of Forest Research, 1990, 20: 849 - 852

[123] Thomas, B. R., Macdonald, S. E. & Dancik, B. P. Variance components, heritabilities and gain estimates for growth chamber and field performance of Populus tremuloides: gas exchange parameters. Silvae Genetica. 1997, 46: 309 - 317

[124] Orlovic, S., Guzina, V., Krstic, B. & Merkulov L. Genetic variability in anatomical, physiological and growth characteristics of hybrids poplar (Populus euramericana Dode (Guinier)) and eastern cottonwood (Populus deltoides Bartr.) clones. Silvae Genetic, 1998, 47 (4): 183 - 190

[125] Robinson K. M., Karp. A., Gail Taylor. Defining leaf raits linked to yield in short - rotation coppice Salix. Biomass and bioenergy, 2004, 26: 417 ~ 431

[126] Gil R. H and Michal. Functional and Structural Changes in Senescing *Populus deltoides* (*Bartr.*) Chloroplasts. Plant physiology, 1973, 51: 245 ~ 249

[127] Teare, I. D., C. J. Peterson& A. G. Law.. Size and frequency of leaf stomata in cultivars of Triticum oestium and other Triticum species. Crop Science, 1971, 11: 496 ~ 498

[128] Sellers, P. J., L. Bounoua, G. J Collatz, D. A. Dazlich, S. 0. Los, J. A. Berry, I. Fung, C J. Tucher, C. R. Field& T. G. Jensen. Comparison of radiative and physiological effects of doubled atmospheric CO2 on climate. Science, 1996, 271: 1402 ~ 1406

[129] 林植芳，李双顺，林桂珠. 叶片气孔的分布与光合途径. 植物学报，1986，28 (4): 387 ~ 395

[130] Wang, T. L., Tigerstedt, P. M. A. & Viher ? - Aarnio, A. Photosynthesis and Canopy characteristics in genetically defined families of silver birch (Betula pendula). Tree Physiology, 1995, 15: 665 ~ 671

[131] Kundu, S. K. & Tigerstedt P. M. A. Variation in net photosynthesis, stomatal chacteristics, leaf area and whole - plant phytomass production among ten provenances of neem (Azadirachta indica). Tree Physiology, 1998, 19: 47 ~ 52

[132] Abrams, M. D. & Kubiske, M. E. 1990. Leaf structural characteristics of 31 hardwood and conifer tree species in central Wisconsin: influence of light regime and shade - tolerance rank. Forest Ecology and Management 31: 245 ~ 253

[133] Loreti, F. , Muleo, R. , Morini, S. , Tellini, A. , Erez, A. & Jackson, J. E. Stomatal characteristics in peach tree canopies. Fifth international symposium on orchard and plantation systems. Acta Horticulturae 1993, 349: 129 ~ 132

[134] Garcia Nunez, C. , Azocar, A. & Rada, F. Photosynthetic acclimation to light in Juveniles of two cloud forest tree species. Tree Structure and Function, 1995, 10: 114 ~ 124

[135] Koike, T. , Watanable, T. , Toda, H. & Haibara, K. 1998. Morphological diversity of stomata of representative broadleaved trees in a temperate region: detection with the Sump method. Forest Resources and Environment 36: 57 ~ 65

[136] Taylor G, Beckett KP, Robinson KM, Stiles K, Rae AM. Identifying QTL for yield in biomass poplar. Aspects of Applied Biology 2001; 65 (Biomass and energy crops II): 173 ~ 82

[137] Cosgrove, D. J. Enzymes and other agents that enhance cell wall extensibility. Ann. Rev. Plant Physiol. Plant Mol. Biol. 1999, 50: 391 ~ 417

[138] Meijer, M. and Murray, J. A. H. Cell cycle controls and the development of plant form. Curr. Opin. Plant Biol. 2001, 4: 44 ~ 49

[139] 许守民，苗以农，姜研秋，胡阿林，佟德娟．大豆光合生理生态的研究．第 14 报．大豆不同类型叶细胞中叶绿体的分布及超微结构．大豆科学，1992，11 (1): 57 ~ 63

[140] 张桂茹，杜维广，满为群等．不同光合特性大豆叶的比较解剖研究．植物学通报，2002, 19 (2): 208 ~ 214

[141] Zuo B – Y (左宝玉), Tuan H – C (段续川) . On the ultra – structure and function of chloroplasts from the winter wheat leaves at different ranks of attachment to the main stem. Acta Bot Sin (植物学报), 1978, 20: 223 ~ 228. (in Chinese with English abstract)

[142] 姬生栋，朱命炜，卜艳珍，王丹，李高岩，徐存拴，李庚午，王育水．小麦细胞核的超微结构在旗叶衰老中的动态变化．电子显微学报，2000，19 (3): 347 ~ 348

[143] 李明启．作物光合效率与产量的关系及影响光合效率的内在因子．植物生理学通讯，1980，2: 1 ~ 8

[144] 杜维广，王玉民，谭克辉等．大豆品种（系）间光合活性的差异及其与产量的关系．作物学报, 1982, 2: 130 ~ 134

[145] 郝乃斌，戈巧英，杜维广等．大豆高光效育种光合生理研究进展．植物学通报.

1991, 8 (2): 13 ~ 20

[146] 吴良欢，陶勤南. 水稻叶绿素计诊断追氮法研究. 浙江农业大学学报. 1999. 25 (2): 135 ~ 138

[147] 雷泽湘. 艾天成. 草莓叶片叶绿素含量、含氮量与SPAD值间的关系. 湖北农学院学报. 2001, 21 (2): 138 ~ 140

[148] Loescher WH, McCamant T, Keller JD Carbohydrate reserves, translocation, and storage in woody plant roots. HortScience , 1990, 25: 274 ~ 281

[149] Iwasa Y, Kubo T. Optimal size of storage for recovery after unpredictable disturbances. Evol Ecol, 1997, 11: 41 ~ 65

[150] Passioura J. B. Roots and drought resistance. Agricultural water management. 1 983, 7: 265 ~ 280

[151] 张大勇. 半干旱地区作物根系生长冗余的生态分析. 西北植物学报, 5: 110 ~ 114

[152] Hamblin, R A, Tennant D and Perry M W. The cost of stress: dry matter partitioning changes with seasonal s upply of water and nitrogen to dry land wheat. Plant and Soil, 1991, 122: 47 ~ 58

[153] Bouma T J, Nielsen K L and Eissenstat D M et al. Estimating respiration of roots in soil: Interactions with soil CO_2, soil temperature and soil water content. Plant and Soil, 1997, 19 (5): 221 ~ 232

[154] 张岁岐，山仑，薛青武. 营养与作物抗旱性. 娄成后，王学臣. 作物产量形成的生理学基础. 北京：中国农业出版社，2001: 189 ~ 200

[155] 沈善敏，宇万太，张璐等. 杨树主要营养元素内循环及外循环研究 I. 落叶前后各部位养分浓度及养分贮量变化. 应用生态学报，1992, 3 (4): 296 ~ 301

[156] 沈善敏，宇万太，张璐等. 杨树主要营养元素内循环及外循环研究 II. 落叶前后养分在植株体内外的迁移和循环. 应用生态学报，1993, 4 (1): 27 ~ 31

[157] Marques, C. M., VasquezKool, J., Carocha, V. J., Ferreira, J. G., Omalley, D. M., Liu, B. H. and Sederoff, R. Genetic dissection of vegetative propagation traits in Eucalyptus tereticornis and E. globulus. Theor. Appl. Genet. 1999, 99, 936 ~ 946

[158] Ferris, R., Long, L., Bunn, S. M., Robinson, K. M., Bradshaw, H. D., Rae, A. M. and Taylor, G. Leaf stomatal and epidermal cell development identification of putative quantitative trait loci in relation to elevated carbon dioxide concentration inpoplar. Tree Physiol, 2002, 22, 633 ~ 640

[159] Taylor, G., Beckett, K. P., Robinson, K. M., Stiles, K. and Rae, A. M. Identifying

QTL for yield in UKbiomass poplar. Asp. Appl. Biol. 2001, 65, 173 ~ 182

[160] Dickson RE. Carbon and nitrogen allocation in trees. Annales des Sciences Forestières, 1989, 46: 631 ~ 647

[161] Geiger DR, Koch KE, Shieh W – J. Effect of environmental factors on whole plant assimilate partitioning and associated gene expression. Journal of Experimental Botany 1996. 47: 1229 ~ 1238

[162] Oren R, Ellsworth DS, Johnscn KII, Phillips N, Ewers BE, Maier C, Schäfer KVR, McCarthy H, Hendrey G, McNulty SG, Katul GG. Soil fertility limits carbon sequestration by forest ecosystems in a CO2 – enriched atmosphere. Nature, 2001, 411: 469 ~ 472

[163] Liu Z, Dickmann DI.. Responses of two hybrid Populus clones to flooding, drought, and nitrogen availability. I. Morphology and growth. Canadian Journal of Botany, 1992, 70: 2265 ~ 2270

[164] Brockley RP. Effects of nitrogen source and season of application on the nutrition and growth of lodgepole pine. Canadian Journal of Forest Research, 1995, 25: 516 ~ 526

[165] Brown KR, Thompson WA, Weetman GF. 1996. Effccts of N addition rates on the productivity of Picea sitchensis, Thuja plicata, and Tsuga heterophylla seedlings. Trees 10: 189 ~ 197

国外杨树速生机制与理想株型研究进展

牛正田　张绮纹　彭镇华　李金花　孙振元
（中国林业科学研究院林业研究所，北京　100091）

摘要：杨树在我国短周期工业用材林建设中具有重要的地位，研究杨树速生机制，对于提高杨树木材产量和 培育速生品种都具有重要意义。文中从地上部分碳同化和光合产物在各器官的分配情况2个方面介绍了不 同遗传型杨树生长差异的生理机制的研究进展，在此基础上建立了杨树理想株型的概念。最后提出了杨树 速生机理和速生育种的研究方向。

关键词：杨树，速生机理，理想株型

Advances in Research on Fast - Growing Mechanism and Ideotypes of Populus

Niu Zhengtian　Zhang Qiwen　Peng Zhenhua　Li Jinhua　Sun Zhenyuan
(Research institute of Forestry, Chinese Academy of Forestry, Beijing 100091, China)

Abstract: Poplars play very important role in the short rotation forestry of China. Research on fastgrowing mechanism of poplars is significance to enhance poplar production and to breed new fast growinggenotypes. This review analysed the fast - growing mechanism of different genotype poplars from the carbon assimilation, carbon allocation and partioning, ideotypes for poplar. Tne preferable suggestions onhow to research on fast - growing mechanism and breeding new genotypes in China were suggested.

Key words: poplar, fast - growing mechanism, ideotypes

杨树因其生长迅速、适应范围广、容易无性繁殖的特点[1,2]，近几十年成为我国北方地区建设速生丰产林的首选树种。杨树速生丰产要求良种、好的立地条件和集约经营方式三方面结合，相同的集约经营条件下，不同遗传型杨树生长差异很大，因此研究速生优良无性系本身的速生机理，对于提高杨树木材产量和培育速生品种具有重要意义。美国著名树木生理学家 Paul Krmer[3]说过："林木育种学家唯一可以做的就是培育在特定环境条件下具有高效生理过程的遗传型。"长期的杨树遗传生理研究表明：速生的杨树遗传型具有高效率的叶片碳同化能力，同时同化产物分配到树干中的比例也较高[4,5]。

1 影响叶片碳同化能力的主要因素

植物生长量与单位土地面积上植物叶片固定 CO_2 的能力呈线性正相关[6,7]，林木收获物主要是营养器官即以纤维素和半纤维素为主的木材，所以高产无性系与单位林地面积固定 CO_2 能力线性相关性更强[8]。增加产量的基础就是增大树冠截获有效太阳辐射的能力，同时增大光能转化效率[9]。长期的杨树生理和遗传改良研究为杨树高产育种提供了 2 个方向[10]，一是提高光能利用效率，即增加单位土地上叶面积和加强光合效率；二是延长光合时间，最大限度地利用生长季节，即延长物候期。

1.1 影响光能转化效率的因素

1.1.1 单位叶面积光合速率存在差异及影响因素

对光合速率和与之相关的其他指标的研究已经有 50 年的历史了。在木本植物里有关杨树光合速率方面的报告是最多的。大量研究表明：杨树不同遗传型的光合速率存在显著差异，造成不同杨树遗传型光合速率差异的因素有很多，如：叶片结构[11]、厚度[11]、单位面积叶绿素含量[12]、叶绿素 a 和叶绿素 b 之比[12]、单位面积叶绿体数目[13]，和 Rubisco 酶活性[13]等。

根据前人的研究结果我们可以得出，杨树比其他木本植物速生与其高光合速率存在重要关系，同时高光合速率可以作为杨树短周期人工林速生品种选育的重要指标。

1.1.2 有效叶面积及其影响因素

叶片是吸收光能并进行光合作用的主要器官，叶面积是决定光合产物产量的关键因素[14]。速生工业用材林要求单位土地面积生产出最多的木材，单位土地面积就需要更多的叶面积来覆盖，因此，单位土地上的叶面积即叶面积指数就是衡量高产无性系的一个重要指标。前人研究表明，树冠形状、结构、树冠内叶面积分布、叶片方位角、阴生叶与阳生叶的比例等[15~17]都是影响光能转化效率和叶片能量效果平衡，进而影响有效叶面积的重要指标，对杨树产量具有重要影响。

1.1.3 当年生枝条与早发枝条比例

当年生枝条是热带树木树冠形成过程中的一种普遍特征，然而只有少数温带树木树冠具有这一特征，杨树就是其中之一[18]。当年生枝条是由没有经过休眠的当年新生侧生分生组织形成的；相反，早发枝是由不连续生长的侧生分生组织形成的[19]。不同无性系当年生枝条的产生时间前后有明显差别。研究发现，毛果杨（*P. trichocarpa*）和美洲黑杨（*P. deltoides*）的杂种在生长季节的开始期和末期叶面积在当年生枝条上的比例比亲本都低，而在生长季节比双亲都高。叶面积在当年生枝条和早发枝上的分布比例在无性系间和季节变化上有显著差异。当年生枝条上叶面积比例可以从生长季节开始的67%变化到生长季节末期的31%[20]。

1.2 物候期

大量的田间试验结果表明，杨树不同无性系发芽与芽休眠时间存在显著差异，而且各无性系发芽与芽休眠时间与该无性系原产地无霜期紧密相关[21]。

不同无性系芽休眠日期的差异是由它们的遗传组成差异造成的[22,23]，物候期的差异以及由其引起的生长差异可以用生长在华盛顿州实验林场的5个杨树无性系连续3年的物候期观测试验来说明。试验发现，原产于美国南部的美洲黑杨发芽最晚，落叶最早；相反，原产于俄勒岗州的毛果杨发芽最早，落叶最晚，生长季节最长。同时，试验发现，侧枝芽休眠后1~3周顶芽才开始休眠[24]。顶芽休眠只是高生长停止，而杨树光合作用及光合产物向树干基部及根部的运输照样进行[12]。

2 光合产物的分配

杨树的主要利用部分是树干，所以在增加光能转化效率的同时，增加光合产物分配到树干中的比例，同时保持适当的植物体碳平衡，对于植物生长和生存也是必须的。所以了解植物碳同化产物分配具有重要意义[25]。但是目前对于林分或是树木碳同化产物分配机制研究的还很少，幸运的是有关杨树碳同化产物分配方式和过程的研究比其他植物多得多。杨树树体高大，试验操作困难，所有这方面的研究结果主要是在苗期和盆栽实验中得到的。

2.1 同位素示踪法

有关杨树光合产物分配的研究主要是通过同位素示踪法试验来完成。杨树光合产物的分配随着树龄的增大，特别是当年生枝条和早发条的增加，增加了树冠形态的多样性。以下是 2 年生杨树各部分叶片光合产物的分配情况介绍。

当年生顶端枝条上成熟叶片的光合能力在整个生长季节保持最高，在生长季节光合产物主要向正在展开着的叶片、树干、当年生顶端枝条分配，对高生长贡献大；秋季封顶后，主要光合产物分配到根部和主干部分，有超过 50% 的光合产物分配到根部[26]。

树冠中下部叶片光合效率比顶端枝条上成熟叶片低得多，因为当年生枝条输出的光合产物比早发枝条所产生的光合产物多得多，叶面积在各种枝条上的季节性分布变化对于整株杨树光合产物分配有重要影响[26]。

侧枝上的成熟叶片，不论是在树冠什么位置，其光合产物分配都差不多。在生长季节，对侧枝上成熟叶片饲喂[14]C 发现，[14]C 运输到正在展开的叶片、叶片所着生的侧枝以及侧枝以下主干部分；芽休眠后，更多的[14]C 运输到主干和根部。侧枝之间几乎没有光合产物的运输。随着侧枝在树冠中部位往下，其[14]C 含量逐渐增大，同时树干中[14]C 减少，所以顶端当年生枝条和树冠上部的侧枝是树干和根部生长所需物质的来源[27]。

尽管杨树侧枝是树干和根部生长所需物质的主要来源，却很少有侧枝光合产物运输到顶端当年生枝条。这一发现说明，侧枝对于高生长并没有直接作用，并且侧枝之间也没有光合产物的交换，所以侧枝生长相互独立，主要是为自身生长提供物质。然而树干和根部生长主要依靠无数侧枝共同提供光合产物[27]。

当年生枝条上叶片光合产物的分配非常特别，无性系之间差别很大，根冠比大的无性系，其当年生枝条光合产物对根生长贡献大，当年生枝条在生长季节对主干和根部贡献逐渐增大，在以后生长过程中，有当年生枝条的无性系比没有的无性系生长要快。同样，当年生枝条之间没有光合产物交换[27]。

当年生枝条的有无和多少可以作为杨树速生育种的一个选择依据，同时也是早期选择速生品种的一个重要指标。

2.2　碳水化合物储藏

当杨树体内产生过量的同化产物，它们就会以碳水化合物\脂肪或是其他化合物的形式储存起来。储存物可以用来维持呼吸作用或是为植物生长提供能量。杨树等落叶树种主要是以碳水化合物的形式来储存的。杨树体内淀粉含量通常有 2 个高峰，一个是在秋天，在夏末和初秋季节植物固定二氧化碳的能力强；另一个是在春天，春天放叶前，随着气温的升高，杨树体内可溶性糖又逐渐转变为淀粉，放叶的时候植物需要大量的能量，大量的淀粉又被消耗掉了[28]。

2.3　根茎信息反馈

在各种环境条件下，植物可以通过来自根茎的信息反馈调节光合产物在不同器官的分配，有关根茎信息反馈的假说有很多，包括功能平衡、代谢控制和激素信号转导等[29]但还没有专门针对杨树根茎信息反馈的假说。

3　理想株型

1968 年澳大利亚农学家 Donald 提出了植物理想株型的理论[30]，植物理想株型包含了在特定的栽培系统中能够获得最多的最终产物的各种理想的植物特性，目前这一理论已经成为选择育种和分子育种的目标和定律。Donsld 的理想株型概念已经在农作物育种中产生了很好的效果，最近它也被应用到树木育种[31,32]中，包括杨树育种。

表1 高密度、无灌溉、集约经营系统下杨树速生丰产林的理想株型 (Dickmann and Keathley)[33]

特　征	理想株型
物候期特征	发芽早，但是又在晚霜之后，避免冻害 不定芽和新梢在早霜之前休眠 叶片保留时间长，可以保留到深秋 生长季节后期形成层仍然活跃
生理特征	叶片厚，单位叶面积具有高光合速率，净光合速率和暗呼吸速率比率高 水分利用效率高 中等水分胁迫条件下气孔关闭 叶、形成层和良好的根部渗透调节作用可以很好地适应逐步干旱 叶落之前，氮和其他养分能很好地转移到茎和根 高 N 利用效率
树冠形态特征	枝丫朝上，与树干夹角小，形成长而窄的树冠 大量的当年生枝条 枝上叶片密度大 树冠上部叶片大，直立向上；树冠下部叶片小，水平展开 树冠上部长短枝条比例高 快速自然修枝 雄性柔荑花序少或是败育
根部形态特征	硬枝插穗可以产生大量不定根 有长主根和下沉根可以很好地利用土壤养分 土壤表层附近有大量的侧枝和根 没有大量施肥的情况下仍然有大量内生或外生菌根 休眠季节淀粉、糖和氮类含量高
生态特性	竞争性强，所有植株表现活力旺盛 抗风、雪和冰的破坏 抗低温 抗除草剂 抗病害和虫害 不合哺乳动物口味

4 结束语

综上所述，国外对杨树的速生机理已经有大量系统的研究，而国内对杨树生理的研究主要集中在外界条件对杨树生长的影响上，即如何改善栽培方式来提高产量，而缺少有关杨树速生特性的遗传机制的研究，即由于遗传型差异而造成光合能力、光合产物分配的差异以及杨树理想株型应该具有什么样的特性。

根据以上研究，提出下面几点建议，希望能对中国杨树速生机理研究、以及速生人工林经营和新品种选育有所帮助。

（1）毛果杨是北美地区的重要造林树种，美国等国进行了大量的杨树速生机理研究，在我国，杨树要立足于面向生产，加强对占我国杨树人工林总面积70%的黑杨派树种，特别是欧美杨品种的速生机理的研究。速生性是受许多形态、解剖和生理生化特性控制的复合遗传性状。形态、解剖和生理生化特性既互相联系，又相互制约，单一的速生指标难以充分反映出植物速生能力，只有采用多项指标的综合评价，才能比较准确地反映植物的速生水平，因此要增强杨树育种、生理、生态各方面的专家之间的配合，系统地对我国生产中主栽品种的速生机理进行研究、对其速生水平进行评价，进而为新品种培育打下坚实的基础。

（2）当年生枝条和早发枝条的比例不仅影响叶面积在树冠中的分配从而影响光合产物量，而且影响整个树体光合产物的分配。当年生枝条和早发枝的比例可以作为选择速生无性系的一个重要指标。该指标对于开展杨树速生育种早期选择具有简便易行的特点。因而，可以在实践中当作选育新品种的一个重要指标。

（3）同位素研究结果表明，树冠下部侧枝光合产物主要用于自身生长，对于杨树高生长和直径生长没有直接影响。这个研究结果对于及时修枝，培育优良无节材在理论上具有重要指导意义。

参考文献

[1] Stettler R F, T M Hincidey, H D Bradshaw. Biology of *Poptdus*. Ottawa：NRC Research Press, Canada, 1996. 539

[2] D I Dickmann, J G Isebrands, J E Eckenwalder, et al. Poplar Culture in North America. Ouawa Canada：NRC Research Press, 2001. 397

[3] Kramer P J. The role of physiology in forestry. Tree Physiology, 1986,（2）：1～16

[4] Dickson. Carbon and mtrogen allocation in trees. Ann Sci For, 1989, 46：631～647s

[5] Deckmyn G, Laureysens l, Gareia J. Poplar Growth and Yield in Short Rotation Coppice：

Model Simulations Using the Process Model Se crets. In：Biomass and Bio－energy，26 p. 2004. 221～227

[6] Monteith J L. Does Light Limit～Production? In：Limiting Plant Productivity. Edited by C B Johnson. Butterworth，London，England. 1981. 23～28

[7] Monteith J L. Validity of the correlation between intercepted radiation and biomass. Agric For Meteorol，1994，68：231～220

[8] kinder S. Potential and Actual Production in Australian Forest Stands. In：Research for Forest Management. Edited by J J Iandsberg and W Parsons. Commonwealth Scientific Industrial Research Organi zation，Melbourne，Australia. 1985. 11～35

[9] Ceukemans. Production physiology and morphology of Populus species and their hybrids grown under short rotation. Can J For Res，1992，22：1937～1948

[10] Rae A M，Robinson K M，Street N R，et al. Morphological and phys iological traits influencing biomass productivity in short－mtation coppice poplar. Canadian Journal of Forest Research－ revue cana dienne de recherche forestiere，2004，34（7）：1488～1498

[11] Niinemets ti，Valladares F，Ceulemans R. lcaf－level phenotypic variability and plasticity of invasive *Rhododendron ponticum* and non－invasivc Ilex aquifohtun co－occurring at two contrasting Euro pean sites. Plant，Coll and Environment，2003，26：941～956

[12] Scarascia－Mugnozza. Physiological and Morphological Determinants of Yield in Intensively Cultured Poplars. Ph. Thesis，University of Washington，Seattle，W A，1991

[13] Hinkley T M，Ceulemans，Dunlap J M，et al. Physiological，Mor－ phology and Anatomical Components of Hybrids Vigor in *Populus.* In：Structural and Functional Responses to Environmental Stresses. Edited by K H Kreeb. The Hague，1989. 199～217

[14] Heilman P E，Xie F. Effects of nitrogen fertilization on leaf area，light interception，and productivity of short rotation *Populus tricho carpa x Populus deltoids* hybrids. Can J For Res，1994，24：166～173

[15] Isebrands J G，Michael D. Effects of Leaf Morphology and Orienta tion on Light Interception and Photosynthesis in Populus. In：Crown and Canopy Structure in Relation to Productivity. Edited by G Gras si，G Gosse. kondon & Newyork：Elsevier Science Pubhshing，1986. 1439～1445

[16] Ceulemans，et al. Production physiology and morphology of *Populus* species and their hybrids grown under short rotation. Can J For Res，1992，（22）：1937～1948

[17] Pellis A，Laureysens I，Ceulemans R. Growth and Production of a Short Rotation Coppice Culture of Poplar. Clone differences in leaf characteristics in relation to bionmass production. In：Biomass and Bioenergy，2004，27：9～19

[18] Powell, et al. Syllepsis in Larix laricina: OccuLrrence and Distribu tion of Sylleptic Long Shoots and Their Relationships with Age and Vigor in Young Plantation – grown Trees. Can J For Res, 1986, (16): 597 ~ 607

[19] Wu R, T M Hinckley. Phenotypic plasticity of sylleptic branching: Genetic design of tree architecture. Critical Rev in Plant Sci, 2001, (20): 467 ~ 485

[20] Carascia – Mugnozza. Physiological and Morphological Determinants of Yield in Intensively Cultured Poplars. Ph. Thesis, University of Washington, Seattle, WA. 1991

[21] Pauley S S, Perry T O. Ecotypic variation of the photoperiodic re sponse in *Populus*. J Arnold Arbor Harv Univ, 1954, 35: 167 ~ 188

[22] Howe G, Samul P, Davis J, et al. Quantitative genetics of bud phe nology, frost damage and winter survival in an 1t2 family of hybrid poplars. Theoretical Applied Genetics, 2000, 101: 632 ~ 642

[23] Weber J C, Stetfler R F, Heilman P E. Genetic Variation and Produc tivity of *Populus trichocarpa* and its hybrids. Morphology and phenol goy of 50 native clones. Can J For Res, 1985, (15): 376 ~ 383

[24] Stealer R F. *Populus trichocarpa x Populus deltoids* hybrids for short rotation culture: varation patterns and 4 – year field performance. Can J For Res, 1988, 18, 745 ~ 753

[25] Dickson R E. Carbon Fixation and Distribution in young *Populus* trees. In pro. Crown and Canopy Structure in Relation to Productivi ty. Edited by T Fujimori and D. Whitehead, 1986

[26] Dickson R E. Carbon Fixation and Distribution in Young *Populus* Trees. In: proc. Crown and Canopy Structure in Relation to Produc tivity. Edited by T Fujimori and D Whiteheda. Forestry and Forest Products Research Institute, Ibaraki, Japan, 1989. 409 ~ 426

[27] Isebmds J G, Nelson N D. Distribution of 14C – Labelled Photosyn thates Within Intensively Cultured *Populus* Clones During Their Es tablishment Year. Physiology Plant, 1983, 59: 9 ~ 18

[28] Dickson R E. Assimilate Distribution and Storage. In: Physiology of Trees. Edited by A S Raghavendra. John Wiley & Sons In New York, N Y, 1991. 51 ~ 85

[29] Friend A L, Coleman M D, Isebands J G. Carbon Allocation to Root and Shoot Systems of Woody Plants. In: Biology of Adventious root formation. Edited by T D Davis and B E Haissig. Plenum Press, New York, N Y, 1994. 245 ~ 273

[30] C M Donald. The breeding of crop ideotypes. Et ~ ytica, 1968, (17) : 385 ~ 403

[31] Martin, et al. ldeotype development in southem pines: rationale and strategies for overcoming scale – related obstacles. For Sci, 2001, 47: 21 ~ 28

[32] Dickmann, Keathley. Linking Physiology, Molecular Genetics and the *Populus* ideotype. In: Biology of *Populus* and Its Implications for Management and Conservation. R F Stettler, H D Bradshaw, et al. Biology of *Populus* and Its Implicafion for Management and Conser vation. Ottwa, Canada, 1996. 539

（原载《世界林业研究》2006 年 4 月第 2 期）

欧美杨 107 地上部分生物量及生长规律研究

牛正田　李金花　张绮纹　童书振

（中国林业科学研究院林业研究所，北京 100091）

摘 要：本文以我国目前杨树主栽品种之一的欧美杨 107 杨 17 年大树为研究对象，系统研究了该品种地上部分生物量和各测树因子生长量。结果表明欧美杨 107 杨前 10 年生长迅速、10～14 年连年生长量逐渐减少。因此，我们认为 107 杨合理采伐期限应是 10～14 年，此后材积连年生长量逐步下降。

关键词：欧美杨 107，生物量，生长规律，轮伐期

Research onabove ground biomass and growth regular of *Populus* × *euramericana* '74/76'

Niu Zhengtian, Li Jinhua, Zhang Qiwen, Tong Shuzhen

(Research institute of forestry Chinese academy of forestry, Beijing 100091)

Abstract: This paper uses the clone *Populus* × *euramericana* '74/76' as the research object. The biomass of above ground and growth of forest measurement factors. The results showed that the clone grow very fast during the beginning 10～14 years, and after that the tree growth rate will be reduced. So we think that the rational rotation range should be 10～14 years.

Key words: *Populus* × *euramericana* '74/76', Biomass, Growth regular, rotation range

欧美杨 107（*Populus* × *euramericana*‘74/76’又称 *Populus* × *euramericana*‘Neva’）因其速生和树形优美等优良特性，目前是我国北方地区的速生丰产林、农田林网和“四旁”植树的主要栽培品种之一[1]。但目前多数地区 107 杨栽培轮伐期为 5 ~ 7 年，很难见到 10 年以上的大树。中国林科院作为欧美杨 107 杨最早引种和选育单位，院内栽植有两株 1992 年由一年生幼苗定植，是国内目前树龄最大的欧美杨 107 杨。2006 年这两株树木被采伐。现就这两株树木的生物量、解析木和生长规律分析如下，以期广大林农和基层林业科技工作者能够对欧美杨 107 杨有更多的了解，为杨树人工林合理轮伐期提供科学的依据。

1 材料与方法

1.1 材料

两株 107 杨于 1992 年春天定植的一年生幼苗，为草坪地孤植木，没有经过人工修枝、施肥和灌溉，为完全自然条件生长的树木。

1.2 方法

主干调查：伐倒后，测量树高、枝下高、树冠长、1/2 直径，1/4 直径。

主干生物量调查：分段称鲜重：配合树干解析方式分段，即 0.3m（第 1 段），1.3m（第 2 段）及 3.6m（第 3 段）。以上均以 2m 为长度分段。各段在取解析圆盘之外，另取 10 个样本，测定鲜重，烘干至恒重，测量，计算平均含水量，计算公式如 1 式和 2 式（参考林国铨等，2003[2]）。

$$u(\%) = \frac{W_u - W_o}{W_o} \times 100 \qquad (1 式)$$

$$W_o = \frac{W_u}{\frac{u}{100} + 1} \qquad (2 式)$$

式中：W_u：鲜重，W_o：绝干重，u：含水率

树冠生物量调查：依树冠高度平均区分为上、中、下层。各层进行枝条生物量估算。由各层枝样本干鲜比取平均值，估算该层样木枝条干重，将各层枝干重加总后可得到该样木树冠的总干重。

用树干分析法测定杨树各测树因子生长量[3]。

2　结果与分析

2.1　物量调查研究结果

树干生物量调查结果如表1所示，结果表明1号样木和2号样木树干鲜重分别达到2231.8kg和2064.5kg，同时1号样木和2号样木含水率分别为62.　68%和55.21%，1号样木和2号样木干物质量分别为832.91kg和924.69kg。表明，虽然1号木比2号木鲜重大，但是由于其含水率较高，故其干物质量较2号木小。

树冠生物量调查如表2所示，两株样木树冠生物量分别达到1930kg和1897kg，各冠层含水率和鲜重都不同，但总的来说，1号木树冠含水量大于2号木。两株样木树冠生物量在各层分布情况基本相同，树冠的中、下层集中了主要的生物量，也就是说样木树冠主要是由大侧枝组成。

综合表1和表2，两株样木树冠生物量和主干生物量非常接近，树冠生物量占地上部分生物量接近一半。这就说明由于两株树木没有经过修枝，侧枝巨大，其叶片光合产物主要用于其侧枝自身生长。证明 Isebrands and Nelson[4]用^{14}C标记杨树侧枝叶片，得到的有关杨树树冠下部侧枝光合产物研究主要用于自身生长，顶端当年生枝条和树冠上部的侧枝是树干和根部生长所需物质来源这一结论。

表1　树干生物量调查结果

段木编号	长度（m）	1号样木			2号样木		
		各段鲜重（kg）	干鲜比（含水率）	各段绝干重	各段鲜重（kg）	干鲜比（含水率）	各段绝干重
1	0～0.3	148	62.68%	55.23	149	55.21%	66.74
2	0.3～1.3	226		84.34	231		103.46
3	1.3～3.6	466		173.91	565.5		253.29
4	3.6～5.6	462		172.42	470		210.51
5	5.6～7.6	361		134.54	288		129.00
6	7.6～9.6	264		98.52	140		62.71
7	9.6～11.6	140		52.25	88		39.42
8	11.6～13.6	77		28.85	57		25.53
9	13.6～15.6	39		14.67	33		14.78
10	15.6～17.6	26		9.78	25		11.20
11	17.6～19.6	16		6.05	15		6.72
12	19.6～顶稍	6		2.35	3		1.34
	合　计	2231.8		832.91	2064.5		924.69

表 2 树冠生物量调查表

		冠 层	鲜重（kg）	干鲜比（含水率）	样本绝干重（g）
枝条	1 号木	1	350	62．64	130．76
		2	815	65．17	283．86
		3	765	61．67	293．22
		合计	1930		707．85
	2 号木	1	265	60．00	106．00
		2	906	58．18	378．89
		3	726	58．33	302．52
		合计	1897		787．41

2.2 107 杨生长过程分析

17 年生两株样木以及以两株样木平均值计算的平均木生胸径、树高、材积 3 个测树因子的数值都随年龄的增加而增加，但增加的速度各不相同，具体情况如下图所示。

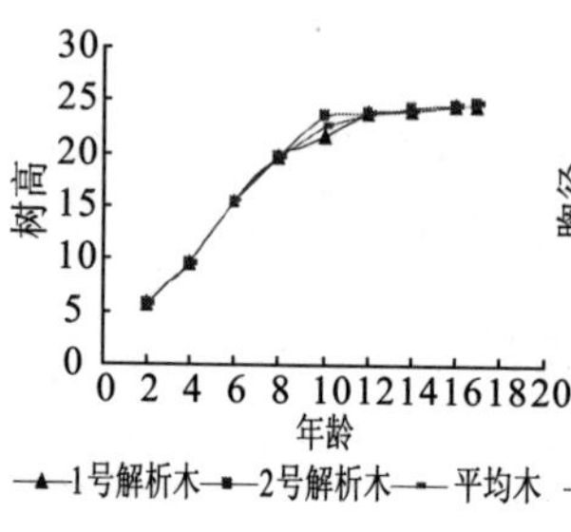

图 1 树高生长进程图

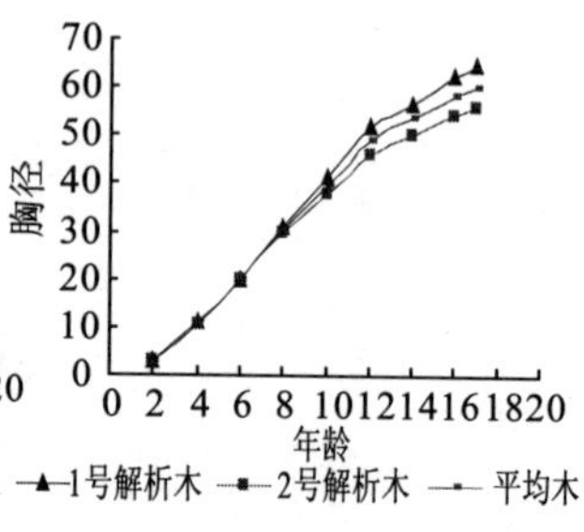

图 2 胸径生长进程图

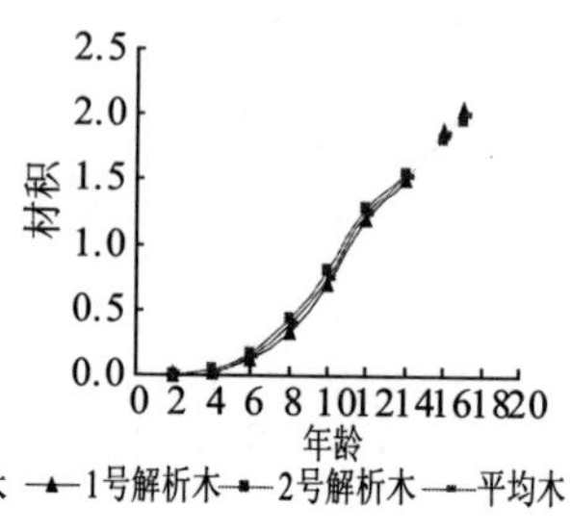

图 3 材积生长进程图

2.2.1 树高生长进程

从图 4 可以看出，17 年生长过程中，树高随着树龄增长，不断增加，但连年生长量在 4 年时达到顶峰，以后不断减小，在 10 年以后生长近乎停止，只有缓慢增加。

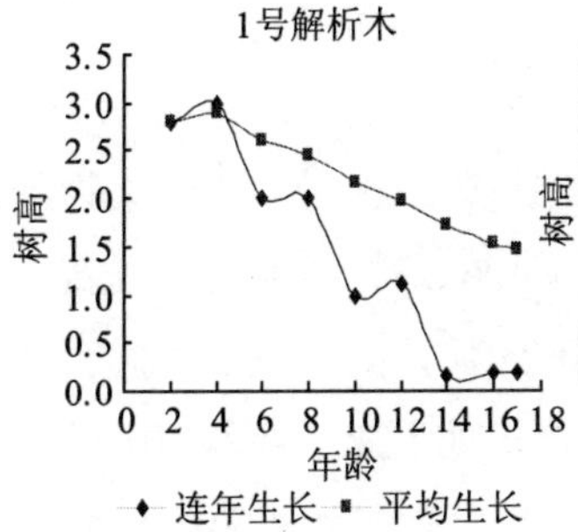

图4　1号木树高生长状况

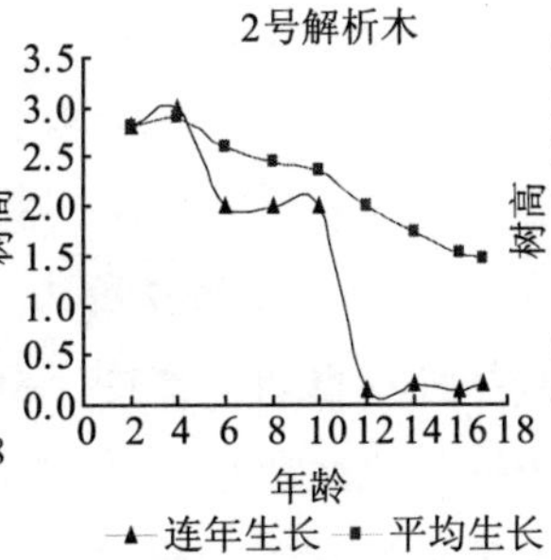

图5　2号木树高生长状况

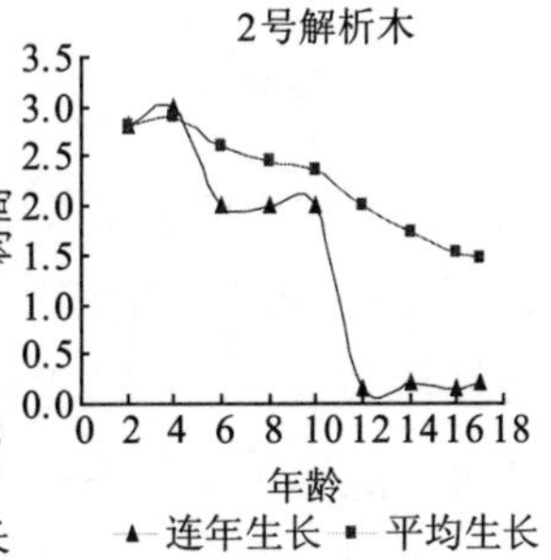

图6　平均木树高生长状况

2.2.2　胸径生长进程

从图7～9可以看出胸径生长在前10～12年基本稳定，持续高速生长，但14年之后生长逐步下降。

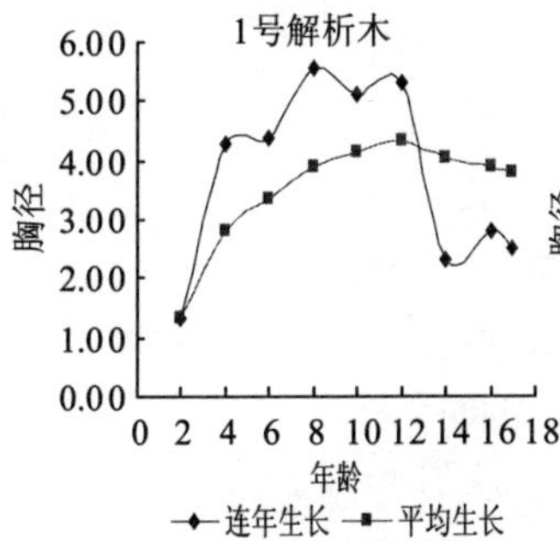

图7　1号木胸径生长状况

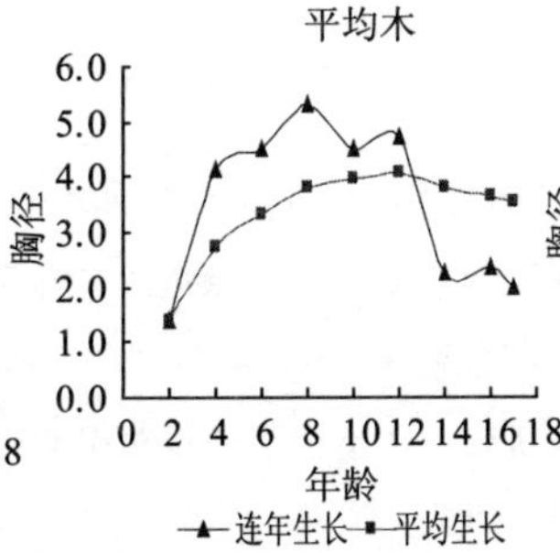

图8　2号木树胸径生长状况

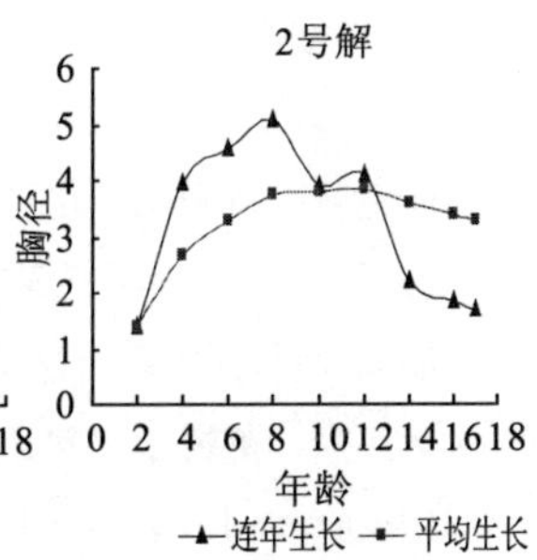

图9　平均木胸径生长状况

2.2.3　材积生长进程

从图10～12可以看出材积生长在前10～12年基本稳定，持续高速生长，但14年之后生长逐步下降，但仍较5～7年时候材积连年生长量高。

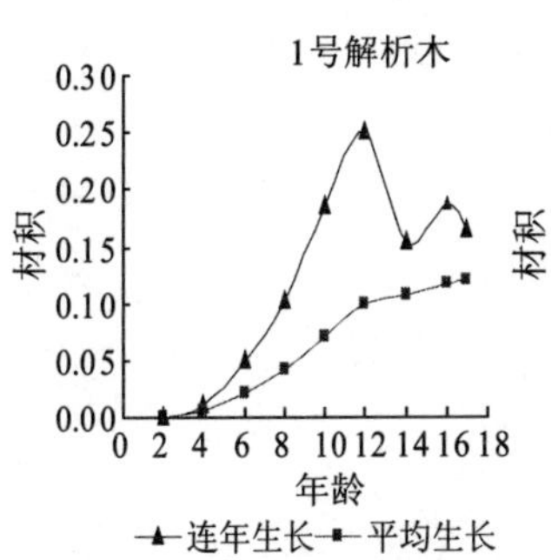

图10　1号木材积生长状况

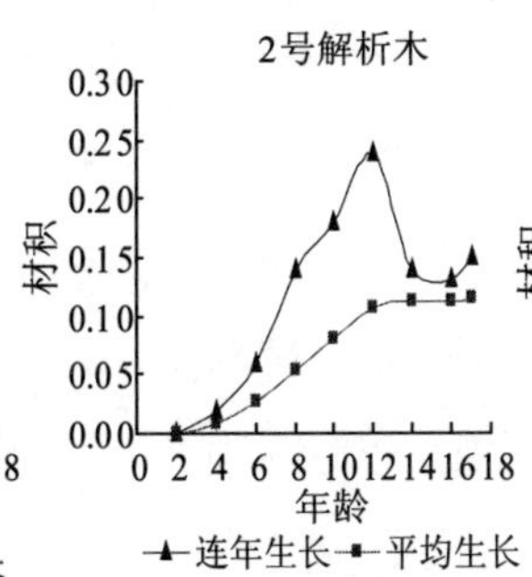

图11　2号样木材积生长状况

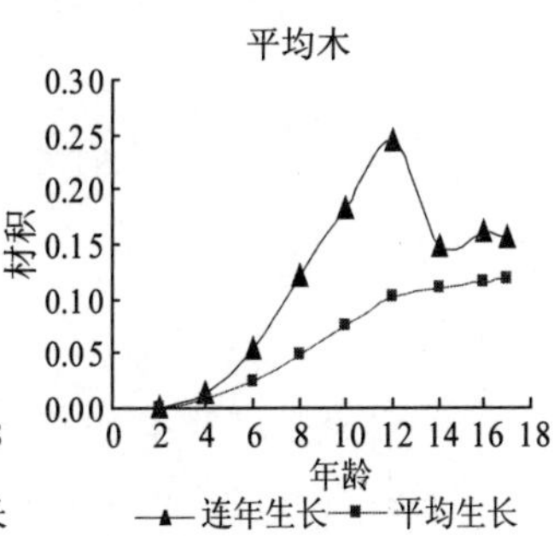

图12　平均木材积生长状况

3 结论与讨论

欧美杨107杨生长迅速、17年大树树干材积达到2.28m^3，树干生物量达到2148kg，树冠生物量1913kg，总生物量达到4062kg，不愧为我国新一代杨树人工林生产的主栽品种。目前生产中，林农为了及早获得收益，企业为了缓解木材供应的短缺，往往在5~7年就将正处于速生期的107杨人工林采伐，这个阶段林木远没达到经济成熟，因此，我们认为107杨合理采伐期限应是10~14年，此后材积连年生长量逐步下降，即杨树人工林达到经济成熟。加之材积越大，木材价格越高并加工后板材和纸浆材产品质量会更高，因此，我们认为10~14年107杨人工林同时达到工艺成熟和经济成熟。

参考文献

[1] 张绮纹. 杨树工业用材林新品种. 北京：中国林业出版社，2003

[2] 林国铨，王巧萍，黄菊美，洪富文，邱志明. 六龟试验林两台湾杉人工林生物量和碳储存量之估算. 台湾林业科学，2003. 18（2）：85~94

[3] 孟宪宇. 测树学（第2版）. 北京：中国林业出版，1996

[4] Isebrands, J. G., and Nelson. N. D. 1983. Distribution of ^{14}C – labelled Photosynthates Within Intensively Cultured *Populus* Clones During Their Establishment Year. Physiology. Plant . 59：9~18

附　　录

木本植物组织中糖和淀粉含量测定方法

1　总则

本方法用热酒精法提取组织样品中的糖，用硫酸－苯酚法测定糖含量。剩余的残渣用 NaOH 溶解，然后用 α 淀粉酶/淀粉葡萄糖苷酶降解为葡萄糖。本试验过程非常危险，整个试验过程请穿防护服装（手套、眼镜和工作服）。

参考文献：Chow，P. S. and Landhausser S. M. 2004. A method for routine measurements of total sugar and starch content in woody plant tissue. Tree physiol. 24：1129 ~ 1136

2　组织样品的采集和准备

采集植物样本，样品在烘箱中 68℃烘干至衡重（2 ~ 3 天），粉碎过 60 目筛备用。

3　化学药品

3.1　马铃薯淀粉。

3.2　80% 酒精。

3.3　500μg/mLGFG 溶液的配制：（葡萄糖（D－glucose）－果糖（D－fructose）－半乳糖（D－galactose）. 分别称量 50mg 的葡萄糖、果糖、半乳糖加入 100mL 蒸馏水中。混合 3 种溶液就得到 500ug/mLGFG 溶液。

3.4　苯酚溶液（2%）：称量 10g 苯酚加入到 500mL 水中。

3.5　H_2SO_4（95%）。

3.6 NaOH (0.1N)

3.7 Acetic acid 乙酸 (0.1N)

3.8 NaOAc 缓冲液。

3.9 PGO－颜色反应液配制：溶解一粒 PGO 胶囊于 100mL 蒸馏水中。同时溶解 100mg 的二盐酸邻联茴香胺加入 40mL 蒸馏水中。然后加 1.6mL 二盐酸邻联茴香胺溶液到 100mL PGO 溶液中。

3.10 配制 1000U/ mL α－淀粉酶 (amylase) 和 5U/ mL α－淀粉葡萄糖苷酶 (amyloglucosidase) 混合溶液。

4 糖含量的测定

4.1 用热酒精法提取糖

4.1.1 记录 16×100mm 空试管的重量 (*W*1)，单位为 g。称量 0.05g 左右的组织样品倒入试管，轻微震荡试管将组织倒入试管底部。

4.1.2 将试管直立在试管架上，在 50℃的烘箱里干燥过夜。

4.1.3 记录干燥后试管的重量 (*W*2)，单位为 g。

4.1.4 加入 5mL 80% 的酒精，用玻璃球盖上试管。

4.1.5 将试管放入 95℃的热水浴 10m。(酒精在该温度下沸腾，玻璃球冷却气流并使酒精蒸气凝结。保持水浴内水的水面低于试管内酒精水平面，如果水面高于试管内酒精水平面，酒精将一直保持沸腾，从而被完全蒸发)。

4.1.6 沸腾后从水浴中取出试管，用 80% 的酒精将所有试管定容至 4mL，用涡旋器混合均匀。

4.1.7 在 2500rpm 条件下将所有试管离心 5m (因离心管底部还有橡胶坐垫，试管不会破裂)

4.1.8 仔细地将上清液倒在 15mL 的容量瓶内，这是一个关键步骤，尽可能的多倒出，管内残留液体越多，提取效果就越差；另一方面，要保证所有的固体留在管内，淀粉将最后从其中提取。假如固体与液体分离有困难，在层析的时候旋转试管，倒液体时固体将留在管壁上。

4.1.9 重新将 5mL80% 的酒精加入试管，用玻璃球重新盖上试管，再抽提 2 次以上，每次都将上清液加入量筒内。

4.1.10 用 80% 的酒精将所有量筒定容至 14mL (*V*1)。倒置几次加以混合，可以直接测量可溶性糖含量或存放在冰箱中以后备用。

4.1.11　提取可溶性糖后，将保存残渣试管在空气中一小时以便酒精挥发。

4.2　用蒽酮硫酸测定糖

4.2.1　为了让所有固体物在提取糖溶液中沉淀，直立装有如（4.1.10）的提取液量筒10m，这是很重要的一步，因为如果固体不沉淀，固体物将会被浓硫酸烧焦，糖样品中的H_2SO_4会使糖的估计过高。

4.2.2　小心倒出提取液的一部分并用纯净水进行必要的稀释（D1稀释倍数）。

4.2.3　每一样品做两次，因此从稀释溶液中吸取0.5mL加入16×150mm的试管中，重复进行。使用纯净水做空白对照，无论哪一个先测，对于每30个测试样品，每一次都包括一个100μg/mL GFG标准液。标准液的测试是为了获得每次试验的吸收系数。建立一条以50，100、150和200μg/mL GFG溶液（该溶液是用纯净水溶解的500μg/mL GFG溶液）的标准曲线，该标准曲线是一条最高到200 μg/mL直线。

4.2.4　在通风橱下，吸取1mL 2%的蒽酮加入所有的试管，（包括空白对照和GFG标准液），直接加入样品液底部以获得良好的混合。

4.2.5　同样是在通风橱下，在1s以内迅速加入2.5mL的浓硫酸溶液（注意反应很剧烈，需戴上保护手套、眼镜和试验服。加入硫酸方法必须一致，不然会对数据有很大影响，加入后通过涡旋混合器混合）。

4.2.6　用玻璃球盖上试管，室温下在暗处静置10m，然后将其放入室温下的水浴内30m，黄色将会在几小时内保持稳定。

4.2.7　读取在490nm处的吸收波（A490），空白读数为零，注意如果用塑料比色杯，酸将会溶解塑料而影响判读，塑料比色杯由聚脂构成，手持最好，当转入塑料比色杯要在20m内完成读数。

4.2.8　对于糖含量测定，洗净玻璃器皿是关键，硫酸将溶解任何在试管中的杂物，污染溶液，从而影响试验结果。

4.2.9　计算：

未修正糖的含量%（w/w）$= A490/a1 * D1 * V1/10^6/(W2 - W1) \times 100\%$

未修正糖的含量%（w/w）=未经修正杂物干扰的植物样品中糖含量

此处 A490 = 490nm 处的读数

a1 = GFG 标准液的吸收系数

D1 = 可溶性糖的稀释系数

V1 = 14mL

W1 = 空试管重量

W2 = 烘干后样品 + 试管（g）

4.3 修正在糖液中的干扰物质

4.3.1 用浓硫酸水解糖样品时的干扰物（叶绿素，颜料，油脂，酚醛树脂，蛋白质等），所形成的蓝 - 粉色复合物会干扰在 490nm 吸收波处的读数。

4.3.2 重复 4.2.3 到 4.2.8 的步骤，用 4.2.3 相同的稀释液，除了用 1mL 的纯净水代替 4.2.4 中的 1mL 的 2% 的蒽酮。样品的颜色都会变成绿到粉红色，糖标准液将变为桃红色，读在 490nm 处的吸收波（A490'），为空白吸收读数为零。

4.3.3 计算：

修正糖含量%（w/w）=（$A490 - A490'$）/（$a1 - a1'$）$\times D1 \times V1/V1/10^6$/（$W2 - w1$）$\times 100\%$

A490′= 不用蒽酮时在 490nm 处的读数.

a1' = GFG 标准液不用蒽酮的吸收系数

4.3.4 由于干扰物的数量依据植物样品不同而变化，4.3.1 到 4.3.2 步骤的干扰修正可以通过计算修正系数就可以省略，修正糖和未修正糖的测定是通过测量 10 个有代表性的组织样品获得。

M（修正系数）$= 1/10 \times \sum$ 修正糖含量（w/w）/未修正糖含量（w/w）

随后样品的糖含量可以通过下面公式来计算

修正糖含量%（w/w）= 修正糖含量%（w/w）$\times M$（修正系数）

5 淀粉含量的测定

5.1 淀粉的溶解

5.1.1 使用 4.1.11 步糖提取物所余的全部残渣（残渣存于冰箱中），在室温下解冻10m。

5.1.2　无论哪一个先测，对于每30个测试样品和试验，提供一个包含4mg的可溶性土豆淀试管作为一控制，记录淀粉的重量.

5.1.3　用移液管将2mL 0.1N的NaOH溶液加进所有试管，包括测验试管、淀粉对照试管。

5.1.4　直立试管，在室温下静置10m，通过涡旋混合器轻轻混合，直立后使固体沉淀下来，别旋转转过于激烈，否则固体物会附在NAOH溶解液以上的试管壁上。

5.1.5　用玻璃球盖上试管，然后将其放入水浴锅内30m溶解淀粉，每过10min轻轻旋转混合，使固体沉淀下来。

5.1.6　加入2.5mL 0.1N的乙酸中和溶液，轻轻旋转混合，现在淀粉溶解在NaOAc缓冲液中，可以用于酶降解。

5.2　淀粉消化酶

5.2.1　加入0.5mL α淀粉酶/淀粉葡萄糖苷酶溶解液进试管，旋转混合。

5.2.2　用玻璃球盖上试管，将其直立于50℃的水浴内，放置个20小时。

5.3　比色法测定葡萄糖水解物

5.3.1　将待测消化物（包括液体和固体），用0.05M的NaOAc缓冲液定容至6mL（V2），为每一测试样品各准备一份，旋转混合并在2500rpm下离心5m。

5.3.2　小心倒出上清液的一部分（D2），用0.05M的NaOAc缓冲液进行必要的稀释。对于含0.5%～10%的淀粉组织，尤其是白杨木的芽和根，云杉和松树的所有组织，用1 1∶2.55的稀释最好。对于淀粉含量的组织可用1∶2.5的稀释。而淀粉含量很低就不需要稀释了，但这也将随材料收集的时间不同而变化。对淀粉对照样品用1∶5的稀释，对空白酶则不用稀释。

5.3.3　从样品溶液中吸取0.2毫升样品进16×100mm的玻璃试管中，按照4.2.3步骤重复进行。使用0.05M的NaOAc缓冲液做空白吸收对照，无论哪一个先测，对于每30个测试样品和试验，每一对照都包括一套200μg/ml葡萄糖标准液。标准液的测试也是为了获得每次试验的吸收系数。建立一条以50，100、150、200、250和300μg/mL葡萄糖溶液（该溶液是用0.05M的NaOAc缓冲液稀释）的标准曲线，该标准曲线是一条最高到200μg/mL直线。

5.3.4 使用移液管加2mLPGO－色试剂进所有的试管，（包括空白对照和葡萄糖标准液），旋转混合，桔红色逐渐产生。

5.3.5 盖上试管，在室温和暗处静置45m。

5.3.6 在通风橱下，吸取0.4mL 75%的硫酸直接倒进试管，转变为桃红色即为其稳定色。旋转混合。

5.3.7 在室温和暗处冷却20m，颜色会稳定几个小时。

5.3.8 读取在525nm处（A525）的吸收波，空白读数为零，当转入塑料比色杯后，要在20m内完成读数。注意如果溶液在塑料比色杯在中太长时间，将会产生泡沫，进而影响读数。

5.3.9 植物组织的淀粉消化液产生的色素会干扰读数，为了弥补干扰的影响，同样的样品的平行的试样是必需的，它可通过省略PGO－色试剂重复分析试样。

5.3.10 重复5.3.3到5.3.8的步骤，用5.3.3相同的稀释液，除了用2mL的纯净水代替5.3.4中的2mL的PGO－色试剂溶液。不需要5.3.4步骤中的葡萄糖标准液，另外5.3.4步骤也不需要。读出在525nm处的吸收波。空白吸收为零。

5.3.11 计算：

%淀粉（W/W）＝（$A525-A525'$）$/a2*D2*V2$）$*0.9/10^6/$（$W2-W1$）$*100\%$

其中：

A525＝525nm处的读数

$a1$＝葡萄糖标准液的吸收系数

D＝淀粉溶液的稀释系数

$V2$＝6mL

10^6＝μg－g

$W1$＝空试管重量

$W2$＝烘干后样品＋试管（g）

0.9＝淀粉/葡萄糖转换系数

加拿大学者对作者访问期间的评价

Université du Québec
en Abitibi-Témiscamingue

Amos, 29/11/2006

Object : Internship of Zhengtian Niu

Dear Sir,

M. Niu has spent three months in my laboratory, the 'Laboratoire de ligniculture et de sylviculture intensive' at the University of Quebec in Abitibi-Temiscamingue. The principal areas of research in the laboratory are (1) to understand growth and physiology of hybrid poplar plantations established in north western Quebec and (2) to understand the natural dynamics of the boreal forest in relation to root connections between trees.

During his stay, M. Niu has mostly done technical work with my assistant and also helping other graduate students on their research projects. First, he helped us to manually excavate root systems of newly established plantations, in order to understand the root-to-shoot development of different tree types. In these plantations, M. Niu also helped us do the yearly growth measurements (height and diameter). He also worked with a Ph.D. student to gather leaves on three 4 year-old poplar plantations for leaf area and nutrient measurements.

When M. Niu was not working in the field, he greatly helped us in analysing soluble sugar and starch contents of aspen (*Populus tremuloides*) roots. He applied a new protocol and worked with new equipment very independently, and also taught the method to another student (S. Momenipour), which she will need for her own project.

Lastly, M. Niu got introduced to a stable isotopes analyser apparatus (Delta Plus Advantage). He had to finely grind poplar leaf samples with a ball grinder, and assisted us running a few samples (we are still learning how to use the machine).

Overall, I am very satisfied with the work that M. Niu has done with us. I think it was a good experience for him to get introduce to different techniques and work in a totally different environment. The internship also gave him a good opportunity to familiarize with a new language (French), which he was eager to learn and showed great improvement in the short time that he was here.

Niu worked very well in a team with other students or with technicians. He was very helpful in teaching other people the methods he had learned to develop in the laboratory. He has adapted well, can work alone with no problems and he is very responsible. He was always on time for meetings and departure times and was very interested when he had the opportunity to assist to 2 regional scientific meetings. I think he will be a very successful scientist and I hope we will have the opportunity to collaborate in the future.

Sincerely,

****

Annie DesRochers, Ph.D.
Professeure-chercheure en sylviculture intensive
Chaire Industrielle CRSNG-UQAT-UQAM en Aménagement Forestier Durable
Université du Québec en Abitibi-Témiscamingue

附译文：牛正田实习报告

牛正田先生在我们魁北克大学阿比蒂彼－特米斯卡明校区“森林集约经营实验室”工作了3个月。该实验室主要的研究领域包括：(1) 了解种植于魁北克西北的杂交杨的生长和生理习性；(2) 了解北方森林根与干冠间相互关系的自然动态变化。

在他实习期间，牛先生一方面与我的助理一起从事技术工作，另一方面帮助其他研究生完成他们的研究项目。首先，为了了解不同树形根－冠发育的差异，他帮我们手工挖取了新植（杨树）的根系。牛先生还帮我们测量了该种植区的年生长量（树高和胸径），帮助一个博士生收集了3个不同林分四年生杨树的叶片供叶面积和营养测量。

牛先生在田间工作之外，在山杨（*Populus tremuloides*）根系可溶性糖和淀粉的分析方面给了我们很大的帮助。他采用了一套全新的流程，独立应用新设备开展工作，并把它教给了另一个在项目研究中需要用到该方法的同学（S. Momenipour）。

最后，我们向牛先生介绍了一种稳定的同位素分析仪器（Delta Plus Advantage）。这台仪器需要他用一个球型研磨器将杨树叶片研成极细的粉末，他（很快掌握了这个技术）帮我们制作了少量的样品（而我们还在学习如何使用这台机器）。

总之，我非常满意牛先生在这儿为我们所做的工作。我想，认识新的机器和在一个完全陌生的环境中工作对他而言也是一种很好的经历。他渴望学习新语种（法语），实习也给了他这个的机会，在这儿的短时间内，他的法语有了很大的进步。

牛先生在工作中，与团队的学生和其他技术人员相处融洽，他将自己所学的方法教给了其他人，这一点对实验室的发展相当有益。他适应能力好，责任心强，能够独立工作而不出任何差错。他在参加会议或出门时总能准时准点。当他有机会在两个地方学术会议上帮忙时，他表现出了极高的热情。我认为他将成为一个非常成功的科学家，并希望我们将来有合作的机会。

此致

敬礼！

森林集约经营研究学科教授
阿比提比地区森林可持续经营学会主席　Annie DesRochers 博士

2006年11月29日于 Amos

博士论文答辩评价表

2007年，中国林业科学研究院博士论文答辩委员会给予作者“优秀论文”的评价。

中国林业科学研究院研究生学位申请表

2007年 7 月 10 日

研究生姓名	牛正田	导师姓名	张绮纹	专业	森林培育
学位论文题目	黑杨派无性系苗期产量相关性状的遗传变异				

学位论文答辩委员会答辩决议：

杨树是我国广泛栽培的速生树种，具有生长快、适应性强等优点。对其速生无性系苗期所具有的优良特性及相关速生机理进行研究，具有一定的理论意义和实践意义。

本文依据国家八五和九五科技攻关成果，选择无性系对比林中生长快、中、慢3类9个黑杨派无性系为试验材料，通过1年生扦插苗盆栽控制试验，系统研究了无性系产量性状与物候、形态、气体交换特性、叶片生长发育特性、根冠比、显微结构及生化等性状的遗传变异规律及其遗传相关性。本研究揭示了插穗内非结构性碳水化合物的季节性变化；建立了SPAD值与叶片叶绿素含量和N含量的相关模型；提出叶片上表皮气孔数目和大小、栅栏组织厚度等可作为选育速生无性系的指标，有一定的创新性。这些研究结果为杨树育种和早期选择提供了依据。

答辩委员会一致认为，该论文选题新颖，研究方法正确，实验设计合理，数据丰富翔实，结论恰当，显示出作者具有较好的分析与综述文献的能力、较扎实的栽培生理及生化知识和具备独立承担科学研究工作的能力。

答辩委员会一致通过论文答辩，经无记名投票后，认为是一篇优秀的博士学位论文，建议授予博士学位。

答辩委员会主席签字：张新时 2007年7月9日

注：张新时，博士，研究员，中国科学院院士。

致　谢

时光如白驹过隙，在中国林业科学研究院的三年学习生活，转瞬即逝。论文杀青之际，我亦离开这里。留恋之情，不禁油然而生；感恩之心，不敢时刻或忘。借此机会，向过往给过我帮助和鼓励的所有人表示无限感激之情，并致以衷心的谢忱！

首先，谨以最诚挚的敬意感谢我的恩师张绮纹研究员。有幸师从先生门下三年，她以大家的气度、深邃的思维、广阔的视野，予我无穷教益。与先生相处，如沐春风、如沐甘霖，使人神清气爽。先生热心帮助我有机会接触国外最新研究进展，支持我参加各种国际学术会议与国内外杨树学界专家交流，并为我赴加拿大魁北克大学学习创造有利条件。我的研究从选题立题、实验设计到具体实验、结果分析直至论文撰写和修改，自始至终倾注了先生的心血。能得先生指导，实为平生一大幸事。先生严谨的治学态度、渊博的知识、创新的思维和高尚的人格，将使我受益终身。

特别感谢指导小组孙振元研究员和李金花副研究员，在我三年的学习和生活中给予极大的关心和支持，在论文完成过程中更是倾心帮助。从论文的设计到修改，每一次讨论，都服膺于他们的细心和清晰的思路。

我的论文得到 Jim Richardson(CA), Barb Thomas(CA), Jud Isebrand(USA)、Brian Stanton(USA), Ceulemans R(Belgium) 和 Gail Taylor(UK)等人提供的文献资料。在加访问期间，魁北克大学 Annie DesRochers 教授为我提供实验和生活条件，在此表示谢意。感谢中国林业科学研究院木工所徐明坤老师、中国科学院植物研究所苑成老师、西部之光学者宁夏农林科学研究院石志刚研究员、北京农林科学研究院王尚德研究员、西山林场魏家村分场李涛场长、海淀园林绿化服务中心的张朝辉队长、北京林业大学资源与环境学院程武副书记，在实验场地和实验设备方面为我提供的便利。感谢何介田研究员和苗圃管理的李师傅帮我栽植、浇水和管理试验苗木。

最后要感谢我的父母和爱人对我三年来的支持，也感谢我的儿子带给我无限的欢乐！同时内心也充满了歉意。

作　者